Environmental Ecology and Human Civilization

环境生态与人类文明

——对生命的认识与感悟

张建彪 董川——著

化学工业出版社
·北京·

✣ 内容简介

本书以自然环境构成及发展，人类、动物和植物的生命现象及其与自然环境相互影响、相互作用的规律为主要内容，探讨如何在自然科学研究过程中发现大自然蕴含的哲学规律，探索人类与大自然和谐共生的“秘诀”以及人类的生存智慧。

本书可作为社会大众的科普读物，科技人员、科普工作者、大中专学生的参考读物，也可作为课程思政化教学的参考书。

图书在版编目（CIP）数据

环境生态与人类文明：对生命的认识与感悟 / 张建彪，董川著. —北京：化学工业出版社，2021.12

ISBN 978-7-122-40100-7

Ⅰ. ①环… Ⅱ. ①张… ②董… Ⅲ. ①环境保护-研究②世界史-文化史-研究 Ⅳ. ①X②K103

中国版本图书馆 CIP 数据核字（2021）第 215333 号

责任编辑：李晓红 张 欣　　文字编辑：毕梅芳 师明远
责任校对：宋 夏　　装帧设计：刘丽华

出版发行：化学工业出版社（北京市东城区青年湖南街 13 号 邮政编码 100011）
印 装：涿州市般润文化传播有限公司
710mm×1000mm 1/16 印张 11¼ 字数 194 千字 2022 年 3 月北京第 1 版第 1 次印刷

购书咨询：010-64518888　　售后服务：010-64518899
网 址：http://www.cip.com.cn
凡购买本书，如有缺损质量问题，本社销售中心负责调换。

定 价：59.80 元

前言

地球上的万物，都是自然进化的产物。人类的知识来源于我们对自然界的观察、认识和思考。充满生机的自然界，到处蕴含着我们所未知的科学道理和哲学智慧。

一些生活中常见的生命现象常常会带给我们无限的思考，比如蜜蜂和苍蝇虽然形态相似，但其迥异的生活习性直接影响着人们对二者的看法和评价。若我们能摒弃思维定式，打通自然科学与人文科学的认知壁垒，从全新的角度进行哲学思考，就会有不同寻常的收获与启示。

蜉蝣生命虽然短暂，朝生暮死，却充分地展示了自身的价值。与茫茫宇宙相比，人类的生命何尝不是沧海一粟、白驹过隙。宋代文学家苏轼《前赤壁赋》有“寄蜉蝣于天地，渺沧海之一粟。哀吾生之须臾，羡长江之无穷”。人的一生只有几十年，与千年大树和亿年星辰相比，人类的生命非常短暂，但是，哪怕朝生暮死，也要有昙花一现的美丽。

美国学者吉姆·罗恩曾说：多年来我一直给年轻人传授一个简单但非常有效的观念——蚂蚁哲学，大家应该学习蚂蚁，因为它们有令人惊讶的四部哲学：永不放弃，未雨绸缪，满怀期待，竭尽全力。

自然界是人类知识的宝库，人类对自然的认识非常有限。在大自然面前人类很渺小，如面对病毒的侵袭，人类束手无策，只能依赖大自然赋予的基本防御能力——自身免疫力。因此，对于大自然，我们应当本着科学、严谨、审慎、谦卑的态度去探索，去认知。

自然界的各种规律都蕴藏在不同的事物与现象当中。只要有心，善于观察，勤于思考，就会有所发现。正所谓，问题就在身边，学问就在眼前，小事中蕴含着大道理。对于做科学研究的人来说，就应该具有见微知著、见端知末的洞察力。苹果从树上掉落，大家习以为常，然而牛顿却由此发现了万有引力。小小的蚊子给我们的思考与启示颇多，研究蚊子也能获得诺贝尔奖。只要我们认真去探索，必然会有新发现。做事也是如此，尤其是科学研究，拥有创新思维、独特见解、敏锐的洞察力，就会有脱颖而出的机会。所以，人类还需不断地探索未知世界，以获得更多的生存启示与人生智慧。

本书涵盖自然环境构成及发展，人类、动物、植物的生命现象及其与自然环境相互影响、相互作用的规律，旨在探讨如何在自然科学研究过程中发现大自然蕴含的哲学规律，探索人类与大自然和谐共生的“秘诀”以及人类的生存智慧。

本书共分五章，第一章以构成环境的各要素与生命的关系为主要内容，探索生命的本质；第二章以环境资源和环境污染与人类的关系为主线，探讨了人与自然和谐相处的规律；第三章以环境中的一些动物生命活动为例，分析动物生命现象的启示；第四章以光合作用和荷、梅、兰、竹、菊以及大树为例，探索了植物生命活动所蕴含的哲理；第五章主要以环境和人类体温的渊源、人类的生活习惯、人类的健康与疾病、人类与传染病、人类的寿命为主要对象，阐释了人类生存的智慧。

本书在构思和写作过程中得到董川教授的指导和大力支持，其中，第二章第二节环境资源利用的启示，第三章第五节蚊子的科学思考及启示由董川教授执笔；其余章节由张建彪博士执笔。本书在写作过程中得到山西大学环境科学研究所同事的支持和帮助，在此表示谢忱。

本书是从自然科学研究的角度去探索人文科学哲理，笔者长期从事自然科学研究，但也难免有偏颇不妥之处，敬请读者批评指正！

张建彪
2021.9.8

目录

第一章 环境与生命

第二章 环境与人类

第三章

环境与动物

第四章 环境与植物

第五章 人类的健康与疾病

第一章

环境与生命

生命是什么？生命是具有能量代谢功能，能回应刺激并进行繁殖的开放性系统。它是一个抽象的概念，是一种状态，一种过程，可以通过具体的特征表现出来。例如，我们所说的人的生命，从生物学方面看表现为：心脏在跳动，有呼吸，有新陈代谢等迹象；从社会学方面看表现为：有社会行为，有社会需求，有生存要求等；从哲学上来说，生命是物质的，是物质运动的一种形式。那么，生命的本质究竟是什么呢？

第一节 ●○ 生命的物质基础及进化

生命从哪里来，必然打上哪里的烙印。人来自地球，人体内的成分必然与地球相似。根据进化论学说，我们知道：地球上的生命是从最原始的无细胞结构的有机物小团体进化为有细胞结构的原核生物，到真核单细胞生物，再到高等真核多细胞生物，直至人类这种高等的智慧生物；从发展的历史来看，所有生物都是从低等向高等，由简单趋向复杂化、系统化。生命的进化发展让我们知道，研究生命的本质离不开对物质世界的认识。

一、生命的本质

生命的载体——生物体是物质的，物质是运动的，运动离不开能量；生命是物质和能量的复合体，是物质的高级存在和运动形式。生命的存在离不开资源和能源，资源赋予生命形态，能源给予生命动力。生命又是抽象的，只有深刻理解和高度概括，才能把握好生命的本质。生命既有生物学属性，同时又具备社会学属性，从生物学角度理解是初级总结，从社会学角度理解是高级概括。

生命本质的问题是一个古老而又常新的问题，是全世界哲学界一直关注的话题。随着自然科学和哲学科学的发展，尤其是人工生命的出现，生命的内涵以及生命与非生命的界限有了微妙的变化，人们探讨生命本质的视角发生了改变，对生命的本质有了更为深刻的认识和理解。

西方哲学界对生命本质的认识众说纷纭。亚里士多德倾向于用保存在物种中的潜能来解说生命，他认为生命应当包含自滋养、生长、衰亡、繁殖、食欲、自我运动、思维等属性，生物学与心理学之间不存在形而上学的鸿沟，生命和心智可以看作是隐含着不断进步的生命潜能的形式。他预示了机能主义的思想是刻画生命本质的有益尝试。笛卡儿则把精神和先验理性看作是人独有的属性。笛卡尔认为，动物只是一个复杂的机械系统，不存在心理学的行为；人有心智，是因为神赋予人一种精神性的东西，并不是因为有一种建立在物质基础上的心理属性。由此可见，在西方哲学的传统中，生命的本质是与生命的功能或者机能相联系的，至于生命的具体化学成分或者物质基础是什么，则不在他们考察的范围之内（任晓明，2003）。

恩格斯在《反杜林论》中指出："生命是蛋白体的存在方式，这个存在方式的基本因素在于和它周围的外部自然界的不断新陈代谢，而且这种新陈代谢一停止，生命就随之停止，结果便是蛋白质的分解。"（马克思恩格斯选集，1972）。恩格斯把"不断的新陈代谢"作为生命的本质属性，对于我们概括生命的本质具有指导意义。

苏联的许多学者，在继承恩格斯对于生命定义的基础上，提出了不同的见解。B. M. 日丹诺夫提出：生命是有机物质存在的一种特殊形式，其主要基质是核酸、蛋白质和有机磷的化合物；生命的本质是遗传信息（机体的有序性和复杂性的度）的量和质的增长。在这个意义上生命是环境熵和生物机体信息之间矛盾统一性的表现。日丹诺夫强调了遗传信息的重要性，但是忽略了生命本质的自我更新（日丹诺夫，1964）。A.C.马姆津提出：生命可以定义为开放的胶体系统的存在方式，系统的必要成分是蛋白质、核酸和有机磷之类的化合物，这些化合物在与周围环境相互作用的过程中，通过物质、能量和信息的交换，具有自我调节和发展的属性。马姆津强调了自我调节、发展和开放系统，但是忽视了自复制的生命属性（马姆津，1966）。20 世纪 80 年代，苏联哲学界比较有代表性的定义是：生命是物质运动的最高级自然形态；它具有各种水平的开放系统的自我更新、自我调节、自复产生的特点，这些开放系统的物质基础是蛋白质、核酸和有机磷化合物。这一定义仍然保持了对恩格斯生命定义的继承性，只不过是根据生物学及其相关学科的现状，对恩格斯的定义做了更加明确的说明（任晓明，2003）。

我国哲学界对生命定义的理解，受恩格斯和苏联学者的影响，并没有较大的突破。著名科学技术哲学家胡文耕先生提出，"生命是具有不断自我更新能力的，主要由核酸与蛋白质组成的多分子系统，它具有自我调节、自我复制和对体内、体外环境选择性反应的属性。"（胡文耕，2002）。胡文耕先生的定义继承了恩格斯定义的核心思想，同时吸取了现代自然科学的重要成果，但是它只适用于地球上的生物化学意义上的生命，不适用于像人工生命那样的生命形式。

那么，究竟生命的本质是如何定义的呢？我们还得从生命的本质来看，生命是具有能量代谢功能，能回应刺激并进行繁殖的开放性系统。从定义中看出，生命是一个系统、一种状态、一种过程。因此，探究其本质也离不开这三个方面。南开大学任晓明先生认为：生命是自复制、自适应、自组织的开放信息系统，它具有进化、对环境作出反应、不断自我更新的属性。这个定义我们认为还是比较完善的，它首先继承和丰富了恩格斯关于生命本质新陈代谢的核心思想，同时撇开了生命物质基础的束缚，拓宽了生命本质定义的普遍适用性。它既适合于地球上基于碳链化学的生命，也适合于基于其他非化学媒介的诸如人工生命那样的生命。

世界本无意义，是人定义了世界。生命本无本质定义，是人定义了生命的本质。因为生命只是以某种形式存在，就像一个杯子，决定杯子存在价值的不是杯子本身的材质和工艺设计，而在于里面盛的是什么。是茶，就是茶杯；是酒，就是酒杯；是水，就是水杯。生命亦是如此。如单纯看生命，如烟如云，如雾如风，缥缈不定，转瞬即逝。如果一定要为生命的存在找个理由，那就要看在生命里注入了什么，让生命充满了什么，让生命承载了什么。生命的存在，有它客观的必然性，尽管我们还没有明白其中的"奥妙"。但是，正是由于生命存在的必要性，所以它的存在是有价值的，特别是人类，如何让每一个人发挥其生命的价值，是使之化腐朽为神奇，还是化神奇为腐朽，那就取决于每一个人的思想境界了。

世界上生命体有很多种，如：人、植物、动物、微生物等。人类的生命本质属性概括起来，有以下五方面的属性。其一，有机体是人类生命的载体。生命是通过身体表现出来的，身体素质的好坏一定程度上反映了生命的质量。其二，生命是个人活动和社会活动的基础。只有活着的人，才能有活动，才能创造价值，才能为他人、为社会、为国家作出自己的贡献。不同个人活动的总和构成了社会活动。其三，所有的生命不可逆转。人体由细胞组成，细胞的分化、凋亡是正常的生命现象，是不可逆转的，所以人类的衰老与死亡同样是不可逆转的。人类可以通过医疗手段来提高生命质量或延长生命，但无法阻挡生命的进程。其四，生命不能转借。生命是一种状态，身体是生命的载体。一个生命对应一个身体，是专属的、无法转借的。生命脱离了身体就不称其为生命，身体脱离了生命就成了躯壳，生命和身体是不可分割的有机整体。其五，生命是连续的。生命是一种状态，这种状态是连续性的，包括个人生命的连续与物种生命的连续。个人生命中断就是死亡，物种生命中断就是灭种。因此，作为一个自然界的人，必须要珍爱生命，要在有限的生命里活出精彩，活得更有意义。同时，还要关爱他人的生命，关爱其他植物、动物、微生物的生命，让大自然与人类更加和谐地相处。

二、组成人体的主要元素

人体是化学元素组成的。人体正常生命活动所必需的元素根据其含量不同可分为常量元素和微量元素。微量元素又可划分为有益元素和毒性元素。研究表明，人体与地球内所含元素的种类基本一致，并且含量比例基本相似。组成人体的元素有 60 多种，一般分为常量元素和微量元素。常量元素有碳、氢、氧、硫、氮、磷、氯、钙、钠、钾、镁等11种元素，其中钙、钠、钾、镁四种元素约占人体中金属离子总量的99%以上。

常量元素和微量元素包括：

人体
- 常量元素：碳、氢、氧、氮、钙、磷、钾、钠、氯、硫、镁等
- 微量元素
  - 有益元素：锌、铜、铁、碘、硒、氟等
  - 毒性元素：汞、砷、铅、镉、铊

1．碳——人类生命的物质基础

碳（C）是非金属元素，在人体中占18%（按质量计）。碳元素广泛存在于大气、土壤、岩石和生物当中。碳在自然界中分布十分广泛，它是地球上形成化合物最多的元素，一般以单质和化合物两种形态存在。碳以单质形式存在于自然界的有石墨和金刚石；以化合态在自然界存在的形式比较多样，大气中主要以二氧化碳的形式存在，在土壤、岩石等无机界中主要以碳酸盐的形式存在，在生命体等有机界主要以碳链化合物形式存在。碳的各种有机化合物及其衍生物是世界上一切生命体的物质基础。目前世界上发现的化合物种类达400多万种，其中大多数为碳的化合物，不含碳的化合物不超过10万种。世界上已发现的118种元素形成的化合物极其丰富，但是除碳以外的117种元素形成的化合物不及碳元素形成化合物的1/40。在所有生命体中，碳元素在其干物质含量中占比最大。生命的基本单元氨基酸、核苷酸是以碳元素作骨架变化而来的。可以说，没有碳，就没有生命。

2．氢——人体清除自由基的主要功臣

氢（H）是非金属元素，在人体中占10%（按质量计）。在自然界中氢主要以化合态形式存在，游离态的极少。按质量计算，氢在地壳中只占1%；如果按原子百分数计算，则占17%。氢在自然界中分布很广，水便是氢的“仓库”。在这个世界上，没有水就没有生命。在空气中，氢约占总体积的一千万分之五（5×10^{-7}）。在整个宇宙中，按原子百分数来计算，氢是最多的元素。人的疾病归根结底是细胞受损，人的衰老是由于细胞老化和凋亡。造成细胞病态、老化或凋亡加速的主要元凶就是过剩的氧自由基。然而，氢可以通过选择性清除恶性自由基，从而达到抗氧化、抗细胞变异和抗癌变的目的，进而促进健康、减缓衰老。

3．氧——人类生命存在的基础

氧（O）是非金属元素，在人体中占 65%（按质量计）。在自然界，地壳、海洋、人体中含量最多的元素就是氧，氧元素占整个地壳质量的 48.6%。它是构成所有有机体主要化合物蛋白质、碳水化合物和脂肪的主要元素。几乎所有复杂生物的细胞呼吸作用都离不开氧气。氧是人体进行新陈代谢的关键物质，是人体生命活动的第一需要。世界上几乎所有生命体都离不开氧。没有氧气，人类呼吸就会停止，体内所有的化学反应就会停止，生命也将终止。

4．氮——构成生命遗传信息载体的物质基础

氮（N）是非金属元素，在人体中占 3%（按质量计）。氮在地壳中的含量很少，是空气中含量最多的元素，氮气占空气体积的 78%。自然界中绝大部分的氮是以单质分子——氮气的形式存在于大气中。氮最重要的化合物是硝酸盐。氮是构成蛋白质的主要成分，所有生命体的构成、代谢活动和遗传物质都离不开含氮化合物的参与。

5．钙——人类生命的必需元素

钙（Ca）是金属元素，在人体中占 1.5%（按质量计），是人类骨骼、牙齿的主要无机成分。人体肌肉、神经、体液和骨骼中，都含有 Ca^{2+}结合的蛋白质。钙也是神经传递、肌肉收缩、血液凝结、激素释放和乳汁分泌等所必需的元素。钙参与人体的新陈代谢，每天必须补充钙；人体如果钙含量不足或过剩都会影响生长发育和健康。钙是一切生物的必需元素。在地壳中，钙的质量占比 3.6%，在整个地球中钙的质量占比是 1.5%。

6．磷——构成人体神经系统的主要元素

磷（P）是非金属元素，在人体中只占了 1%（按质量计），但是，在人体所有的细胞中都含有磷，几乎所有人体生理上的化学反应都有磷的参与。磷还是构成神经的重要物质，心脏的跳动、肾脏的正常机能和传达神经的刺激都离不开磷化合物的参与。磷是构成人体骨骼和牙齿的重要元素。磷在地壳中的含量大约为 0.08%～0.12%。

7．钾——维持人体酸碱平衡、能量代谢的主要元素

钾（K）是金属元素，在人体中只占了 0.35%（按质量计）。钾的化学性质极其活跃，在自然界没有单质形态存在，钾元素以盐的形式分布于陆地和海洋中，钾在地壳中的含量为 2.47%。钾是人体肌肉组织和神经组织中的重要成分之一。钾在人体内的主要作用是维持酸碱平衡，参与能量代谢以及维持神经肌肉的正常功能。当体内缺钾时，会全身无力、疲乏、心跳减弱、头昏眼花，严重缺钾还会导致呼吸肌麻痹死亡。低钾会使胃肠蠕动减慢，导致肠麻痹，加重厌食，出现恶心、呕吐、腹胀等症状。临床医学研究证明，中暑者均有血钾降低现象。

8．钠——维持人体血液平衡、肌肉运动、心血管功能的主要元素

钠（Na）是金属元素，在人体中只占 0.15%（按质量计）。钠也是化学性质非常活泼的金属，自然界中没有单质形态的钠金属存在。正常成人体内钠的总量一般为每千克体重 1.5g 左右，其中 44%在细胞外液，9%在细胞内液，47%存在于骨骼之中。细胞外液中的阳离子 90%是钠离子。正常成人每日摄入的钠全部经胃肠道吸收。从细胞分裂开始，钠就参与细胞的生理过程。氯化钠是人体最基本的电解质。钠有维持血压的功能。如果膳食中摄入钠过多、钾过少，钠钾比值偏高，血压就会升高。钠对肌肉运动、心血管功能及能量代谢都有影响。钠不足时，能量的生成和利用较差，以致神经肌肉传导迟钝，表现为肌无力、神志模糊甚至昏迷，出现心血管功能受抑制的症状。糖和氧的利用必须有钠的参与。钠在肾脏被重新吸收后，与氢离子交换，可以清除体内的二氧化碳，保持体液的酸碱度恒定。氯化钠的主要作用是钠离子的作用。正常人的血液有一个比较恒定的酸碱度，适合于细胞的新陈代谢，这种恒定的酸碱度主要靠血液的缓冲系统、呼吸调节和肾脏调节三个方面来维持，血液中主要的缓冲剂是碳酸氢钠和碳酸这一对缓冲剂。其中钠离子是重要组分。正常人钠离子的最小日摄入量为 0.5g，所以正常人一般每日食盐食用量为 5～6g。

9．铁——人体内输送氧气的主要物质

铁（Fe）是金属元素，在人体内的含量大约在 3～5g（其中，72%以血红蛋白、3%以肌红蛋白、0.2%以其他化合物形式存在，剩余大约 25%则为储备铁，以铁蛋白的形式储存于肝脏、脾脏和骨髓的网状内皮系统中）。在地壳中铁的含

量大约是 4.75%，地核中的主要元素是铁。铁是血红蛋白的重要组成部分，血红蛋白是细胞输送氧气和带出二氧化碳的主要载体。铁也是肌肉组织内肌红蛋白不可缺少的物质，肌红蛋白在肌肉中具有转运和储存氧的功能。细胞色素是一类以铁卟啉（或血红素）作为辅基的电子传递蛋白，参与细胞内的氧化还原反应，对呼吸和能量代谢有非常重要的影响；细胞色素作为电子载体，传递电子的方式是通过其血红素辅基中铁原子的还原态（Fe^{2+}）和氧化态（Fe^{3+}）之间的可逆变化来实现的。人体缺铁会对铁代谢、造血系统和细胞代谢有严重影响。

10．锌——构成人体免疫系统的重要元素

锌（Zn）是金属元素，在人体中只占了 0.004%（按质量计）。在自然界中，多以硫化物形式存在。锌也是人体必需的微量元素之一，起着极其重要的作用。锌元素可以增强人体免疫力，是免疫器官胸腺发育的营养素，只有锌量充足才能保证胸腺发育，正常分化 T 淋巴细胞，提高细胞免疫功能；锌还与肝、消化道、皮肤、性腺的正常分泌有关，并参与核酸的代谢，维持胰岛素的结构和功能。人体缺锌会导致味觉下降，出现厌食、偏食甚至异食；锌还有助于生长发育、智力发育、提高免疫力，体内缺锌会严重影响生长发育。

11．硒——人体的健康卫士

硒（Se）是非金属元素，在自然界中的存在方式分为两种：无机硒和有机硒。人体所有细胞和组织中都含有硒，其中眼睛、肝、胰脏、肾、垂体及毛发中硒含量较高，肌肉、骨骼和血液中相对较低，脂肪组织中最低。

硒被称为主宰生命的微量元素，具有控制癌细胞发育的作用，可破坏沉积在动脉血管壁上的胆固醇，防治心脑血管疾病，抗氧化，提高免疫力，拮抗重金属，调节维生素 A、维生素 C、维生素 E、维生素 K 的吸收与利用，调节蛋白质的合成，增强生殖功能，等等。硒过量会引起硒中毒，主要表现为头昏眼花、四肢麻木、胃肠功能紊乱等。硒在地壳中的含量为 0.05μg/g。硒在小麦、玉米、大白菜、南瓜、大蒜和海产品中含量较丰富，蛋类含硒量多于肉类。

所有这些元素在自然界都可以找得到，没有哪一种元素是人体所独有的，说明了人体与自然界的统一性。

无机盐是存在于人体内和食物中的主要无机质，人体已发现有 20 余种必需的无机盐，约占人体重量的 4%～5%。其中含量较多的（$>5g$）为钙、磷、钾、钠、氯、镁、硫七种；每天膳食需要量都在 100mg 以上，这就是我们所说的常

量元素。随着分析科学技术的进步，原子吸收光谱、中子活化、等离子发射光谱等痕量分析手段的出现，人们发现铁、碘、铜、锌、锰、钴、钼、硒、铬、镍、硅、氟、钒等元素也是人体必需的，每天膳食需要量一般以毫克或微克计，我们称之为微量元素。无机盐在体内的分布极不均匀，例如：钙和磷绝大部分分布在骨骼和牙齿等硬组织中，铁大部分分布在血液系统中的红细胞内，碘集中在甲状腺，钡多数储藏在脂肪组织中，钴集中于造血器官内，锌集中在肌肉组织中，等等。

在人体组织和细胞内无机盐的作用非常关键。体液中的无机盐离子可以调节细胞膜的通透性，控制水分，维持细胞正常的渗透压和酸碱平衡，协助营养物质运输，参与神经活动和肌肉收缩等。

三、组成人体的主要化合物

细胞是人体构成的基本单位，人体由 40 万亿～60 万亿个细胞组成，细胞的平均直径在 10～20μm 之间，成熟的卵细胞是人体最大的细胞，直径在 0.1mm 以上；人体最小的细胞是血小板，直径只有约 2μm。众多形态与功能相似的细胞及其细胞间质组成组织，例如神经组织、肌肉组织、上皮组织等。具有特定结构和功能的不同组织有机地结合在一起构成了器官，例如心脏、肝、肾等。若干个功能相关的器官联合起来，共同完成某一特定的连续性生理功能，就构成人体的系统。

组成人体的化合物质很多，归纳起来主要有核酸、蛋白质、糖类、脂类、水、无机盐等，这些化合物在人体内功能各异，它们构成了人体细胞活动的物质基础和能量基础，其中任何一种物质都不可或缺，否则将会导致人体的代谢障碍和组织损伤。

1．蛋白质——构成人类有机体细胞、组织和器官的基础物质

蛋白质是构成人体细胞、组织、器官的支架和主要物质，在人体生命活动中起着重要作用，没有蛋白质就没有生命活动的存在。每天的饮食中蛋白质主要存在于瘦肉、蛋类、豆类及鱼类中。蛋白质占人体重量的 16%～20%。蛋白质的最小组成单位是氨基酸，蛋白质对于人体的主要功能体现在以下八个方面：

① 构造身体。蛋白质是一切生命的物质基础，是机体细胞的重要组成部分，是人体组织更新和修补的主要原料。

② 结构物质。细胞是生命的最小单位，它的衰老、死亡、新生的新陈代谢离不开蛋白质，所以如果蛋白质的摄入、吸收及利用不是很好，会加速机体衰退。

③ 载体的运输。载体蛋白维持肌体正常的新陈代谢和各类物质在体内的输送，对维持人体的正常生命活动至关重要。

④ 抗体免疫。人体免疫细胞主要有白细胞、淋巴细胞、巨噬细胞、抗体（免疫球蛋白）、补体、干扰素等，它们每七天更新一次，如果蛋白质充足，它们的作战能力就会很强，往往在人体遇到重大危险时数小时内可以增加 100 倍。

⑤ 酶的催化。人体必需的具有催化和调节功能的各种酶的组成离不开蛋白质；人体有数千种酶，每一种只能参与一种生化反应；细胞每分钟要进行一百多次生化反应。

⑥ 激素调节。蛋白质可调节体内各器官的生理活性。胰岛素由 51 个氨基酸分子合成，生长激素由 191 个氨基酸分子合成。

⑦ 胶原蛋白。大约占人体蛋白质总量的 1/3，它构成结缔组织，如血管、韧带等。

⑧ 能源物质。蛋白质可以储存能量，通过三羧酸循环与糖类、脂肪进行相互转化。

2. 核酸——人类生命信息的主要载体

核酸是由核苷酸单体聚合成的生物大分子化合物，为生命的最基本物质之一。核酸的分子量一般是几十万至几百万。根据组成核苷酸单体五碳糖的不同，可以将核酸分为脱氧核糖核酸（DNA）和核糖核酸（RNA）两大类。脱氧核糖核酸是储存、复制和传递遗传信息的主要物质基础。核糖核酸根据功能的不同，又分为三种：转运核糖核酸（tRNA），负责携带和转移活化氨基酸；信使核糖核酸（mRNA），是合成蛋白质的模板；核糖体核糖核酸（rRNA），占细胞内 RNA 总量的 82%，它与其他蛋白质一起构成细胞合成蛋白质的主要场所。可见，核酸是人体细胞正常代谢必不可少的物质，也是人体健康不可缺少的一种营养物质，核酸不仅会影响人的衰老程度，同时也有助于提高机体抵抗自由基的能力和抗氧化能力，还对增强人体的免疫力有很好的作用。

3. 糖类——人类有机体维持生命活动的主要能源

糖类是多羟醛或多羟酮及其缩聚物和某些衍生物的总称，可分为单糖、二糖和多糖等。糖类在自然界分布很广，几乎是所有生物体的基本营养物质和重要组成部分。糖类在生命活动过程中起着重要的作用，是一切生命体维持生命活动所需能量的主要来源。在植物体内，糖类约占其干重的 80%；微生物体内，糖类约占其身体干重的 10%～13%；人和动物的组织器官中所含的糖类大约是其身体干重的 2%左右。在人体血液中的血细胞内，有葡萄糖或由葡萄糖等单糖聚合成的多糖存在，在肝脏、肌肉里的多糖是糖原。糖类化合物在人体内的主要功能体现在以下六个方面：

① 供给能量。糖类在人体内经过一系列的分解反应后，释放大量的能量，可供生命活动之用；人体所需能量的 70%是由糖氧化分解供给的。

② 构成体质。糖类是细胞的组成成分之一，是构成机体的重要物质，原生质、细胞核、神经组织中均含有糖的复合物；糖类物质参与细胞的许多生命活动，所有神经组织和细胞粒中都含有糖类，作为控制和代替遗传物质的基础——脱氧核糖核酸和核糖核酸都含有核糖。

③ 控制脂肪的代谢。糖类能促进人体内脂肪代谢，体内糖类量不足时，所需能量将由脂肪氧化提供，若脂肪氧化不完全时，体内有酮酸积聚过多易产生中毒的风险，所以糖类具有辅助脂肪氧化的抵抗酮酸中毒的作用。

④ 控制蛋白质的代谢。食物中糖的供给充足时，可减少其他细胞对蛋白质的消耗，保证抗体等对蛋白质的能量消耗，使蛋白质用于最合适的地方；同时，糖类与蛋白质共同摄入时，可增加机体 ATP 的合成，有利于氨基酸的活化与合成蛋白质，此即糖类对蛋白质的保护作用。

⑤ 维持神经系统的功能。人体大脑、神经和肺组织代谢活动所需要的能源物质是葡萄糖，若血液中葡萄糖水平下降，人体就会出现低血糖，大脑就会因缺乏葡萄糖而晕厥、昏迷甚至死亡。

⑥ 保肝解毒。人体内肝糖原丰富可以增强肝脏对某些细菌毒素的抵抗能力，如：葡萄糖氧化产物葡萄糖醛酸可以与吗啡、水杨酸和磺胺类药物结合，生成葡萄糖醛酸衍生物经排泄而解毒。

4. 脂类——人类有机体储蓄能量的主要物质

由脂肪酸与醇作用脱水缩合生成的酯及其衍生物统称为脂类，其中包括脂肪、类固醇、脂溶性维生素（如维生素 A、维生素 D、维生素 E 和维生素 K）、单酸甘油酯、二酸甘油酯、磷脂等。脂类不溶于水，能被乙醚、氯仿、苯等非极性有机溶剂溶解。脂类在人体内的主要作用包括以下几方面。

① 能量储存。脂类物质是人体能量储存的最佳方式，人体内糖类代谢提供的能量是 4.1kcal/g (1cal = 4.1840J)，而脂类则是 9.3kcal/g。

② 生物膜骨架的主要组成成分。细胞膜的液态镶嵌模型认为，细胞膜的骨架是磷脂双分子层，蛋白质在其上镶嵌或贯穿，磷脂双分子层和蛋白质都是可以流动的。

③ 性激素功能。类固醇可以促进生殖器官的发育和两性生殖细胞的形成，激发并维持雌雄性第二性征。

④ 维生素 D 功能。可以促进人体和动物对钙和磷的吸收，并利用信号传递与识别。

5．水——人类有机体生命活动的基础物质

水是人体各种细胞和体液的重要组成部分，人体的一切生理活动必须有水参与才能进行，体内各种生化反应都离不开水的参与；水是运输媒介，它可以将氧气和各种营养素直接或间接地运输到人体各个组织器官，并将其新陈代谢的废物运输到肠道、肾脏、皮肤，通过大小便、汗液等途径排出体外；水还有调节人体酸碱平衡和调节体温的重用作用；水是润滑剂，为人体各种组织器官灵活运动提供保障等。

构成人体的各种非金属、金属元素，在自然界大量存在，从微观上印证了人是自然的产物。大自然是生命存在的物质基础，人与大自然的物质交换从来没有停止。

第二节 ●○ 生命与环境

从构成生命的信息要素看，DNA-RNA-蛋白质秩序是生命存在和发展的内在根据。DNA-RNA-蛋白质框架结构具有高度的稳定性和巨大的负载信息潜力，是一个对各种生命活动信息有着充分容纳能力的开放结构。从生命演化的动力看，生命是通过自组织过程实现的。生命的诞生、等级层次演化以及生命形态呈现出的多样化发展态势，是生命在与环境的适应过程中通过自组织过程实现的。生命是自然的产物，生命离不开环境。

一、生命与太阳能

一切生命形态都是自然界中的各种元素经过了上亿年的组合进化而成的结果。自然界的各种元素经历了分子、原子无数可能的随机排列组合和有机合成后，最终形成了现在的符合科学逻辑的各种生命存在形态。生命是自然界中各种物质元素不断优化组合的结果，它蕴含着神奇的精神理性，其本质是物质特性复杂组合的反映。进化论学说告诉我们生命进化是永恒的，低级的生命形态不断进步或消亡，高级的生命形态逐步出现或繁盛。

人类起源于地球，经过百万年的进化，已与其赖以生存的地球环境达到平衡。人与环境之间在物质、能量和其他信息交流上已达到某种动态平衡。从构成生命的物质要素看，生命是由化学元素—生物大分子—细胞—生物个体—种群—生态系统组成的等级层次结构。从构成生命的活力要素看，新陈代谢是生命存在和发展的基本条件，生命通过新陈代谢实现与环境的物质和能量交换，并且推动着生命结构有序的优化。

人体进行生理活动所需要的能量，主要由食物中的糖类供给。糖类是人体进行生理活动的主要能源。人体的一切活动，包括学习、走路、消化和呼吸等所消耗的能量主要来自糖类。人类的主要能源物质供给者——糖类的主要来源是植物光合作用的产物。因此，人类生命活动所需的能量大部分直接或间接来自太阳能。正是各种植物通过光合作用把太阳能转变成化学能在植物体内储存下来。现阶段，人们所需动力的大约 80%来源于煤炭、石油、天然气等化石燃料，这些化石燃料也是由埋在地下的动植物经过千万年的地质变化形成的，本质上也是由古代生物固定下来的太阳能。人类的食物，包括各种动物或植物产品，归根到底都是来自植物光合作用转化的太阳能。绿色植物通过光合作用把太阳辐射到地球表面上的一部分能量，转变为化学能储存在其合成的有机物中。光合作用所储存的能量几乎是所有生物生命活动所需能量的最初源泉。所以说地球上生命活动所需能量的根本来源是太阳。

新陈代谢是地球上生命的最基本特征之一。新陈代谢包括物质代谢和能量代谢两部分。人类也是如此，通过物质代谢将机体从外界获取的营养物质转化为自身需要的营养元素。物质代谢过程中同时伴随着能量代谢，能量代谢的作用就是把从外界环境摄取的营养物质中的化学能转化为人体可用的能量，这种能量分两部分，一部分是人体可以直接利用的热能，主要用于维持机体的体温；另外一部分则储藏于 ATP（三磷酸腺苷）的高能磷酸键中。ATP 既是一种重要的储能物质，又是直接供能的物质。机体的组织细胞进行各种功能活动时，能量的直接来源是ATP中的能源。人类机体内除ATP外，还有另一种含有高能磷酸键的储能化合物，即磷酸肌酸（creatinephosphate，CP）。当体内物质分解形成的ATP浓度升高时，ATP会将高能磷酸键中的能量转移给肌酸，生成CP将能量储存起来；反之，当组织细胞能量消耗加剧、ATP浓度降低时，CP将其储存的能量转移给二磷酸腺苷（ADP），生成新的ATP，供人体细胞利用。

地球上每年接受的太阳能量大约为5.4×10^{24}J，然而，地球上所有绿色植物年固定的太阳能大约为5×10^{21}J，仅仅利用了太阳给予地球能量的0.1%，然而就是这 0.1%却能满足地球上包括人类和各种动物在内的所有异养生物的生命活动。地球上所有生态系统中生物所需的能量均来源于绿色植物光合作用所固定的太阳能，并且生态系统中的物质和能量是沿着食物链和食物网流动的。能量的流动特点是单向、逐级递减的。所以，人类生命是直接和间接利用太阳能的一种特殊的物质存在方式，太阳是人类生命活动所需能量的终极来源。

太阳是一个球体，每秒总电磁辐射为3.827×10^{26}W，地球的角直径相当于1.75亿分之一的球面度，那么地球从太阳获得总电磁辐射能量值约为每秒1.74×10^{17}J，可见，太阳辐射到地球的能量仅为其总辐射能量的22亿分之一。地球每年从太阳获得的能量大约为5.4×10^{24}J。大约相当于2.7亿颗广岛原子弹的能量。

二、生命与水环境

生命的起源是一个未解之谜，地球上的生命是何时产生的？怎样产生的？生命是来自海洋、大陆还是太空？关于生命的起源众说纷纭，大家比较认可的是“海洋起源说”和“化学起源说”。但无论哪种假说，水在生命的起源中都起到了至关重要的作用。水是万物之源，水是生命之源。

在地球表面，水体面积约占地球表面积的71%。水由海洋水和陆地水（淡水资源）两部分组成，其中海洋水占97.28%、陆地水占2.72%。陆地水总量比例很小，但是与人类关系最密切。地球上的水资源处于不断循环的动态平衡状态。

地球上水的体积大约有$1.36\times10^9km^3$。海洋占$1.32\times10^9km^3$（97.2%），冰川和冰盖占$2.5\times10^7km^3$（1.8%），地下水占$1.3\times10^7km^3$（0.9%），湖泊、内陆海和河里的淡水占$2.5\times10^5km^3$（0.02%），大气中的水蒸气占$1.3\times10^4km^3$（0.001%）。

陆地水的基本化学成分和含量，反映了它在不同自然环境循环过程中的原始物理化学性质。陆地水环境主要由地表水环境和地下水环境两部分组成。地表水环境包括河流、湖泊、水库、池塘、沼泽、冰川等，地下水环境包括泉水、浅层地下水、深层地下水等。陆地水环境是构成环境的基本要素之一，是人类社会赖以生存和发展的重要资源，也是受人类干扰和破坏最严重的领域。陆地水环境的污染和破坏已成为当今世界主要的环境问题之一。

水是人类和地球上一切生物生存的物质基础,人和生物的生存离不开水。人体是由细胞构成的，人类的生命活动就是细胞在不断地分裂、生长、衰老、死亡的过程。人类身体中每一个细胞、组织、器官都含有极其丰富的水，水的重量约占人体的 70%，其中人体血液中的 80%是水，肾脏中的水占 83%，心脏为 80%，肌肉为 76%，脑为 75%，肝脏为 68%，骨骼中也含有 22%的水分。一般动物体平均含水量也是其体重的 70%左右，其中鱼类的体内 80%是水，水母体内含水量达到其体重的 95%。植物体内平均含水量在 40%～60%之间，但蔬菜和水果的水分含量达到 90%。所以，水是人和一切生物体中最重要的物质。

世界卫生组织调查指出，人类疾病 80%与水有关。自来水的主要消毒方法是加氯杀菌，虽然能去除大量细菌，但也存在着有害物质，尤其是水中的重金属离子、氯离子和亚硝酸盐等成分。同时，在水的输送、水塔储存等环节都有可能造成一定程度的二次污染。尽管人们一般将水煮沸再饮用，但无法除去水中的重金属离子等有害物质，这些物质的长期摄入，会对人体造成极大伤害。

水是地球上所有生物赖以生存的物质基础，水资源是维系地球生态环境可持续发展的首要条件，因此，保护水资源是人类共同的责任。

三、生命与大气环境

生命离不开氧气。生命一旦离开了氧气，生命的一切源动力反应就会停止，细胞就会死亡。然而，30 亿年前地球上二氧化碳的含量约为 91%，几乎没有氧气，在这种条件下，人类是不能生存的。到了距今约 3 亿年前的石炭纪，地球表面大气层中氧气、氮气、二氧化碳的含量才稳定下来，与现在的水平接近，人类才有了生存的基本条件，这些都是绿色植物的“功劳”。

地球被一层大气所包围，大气层的主要成分氮气占 78.1%；氧气占 20.9%；

氩气占 0.93%；还有少量的二氧化碳、稀有气体（包括氦气、氖气、氩气、氪气、氙气、氡气）和水蒸气。大气层的密度随距离地球表面的高度增加而减小，高度越高空气越稀薄。大气层的厚度大约在 1000km 以上，按照大气层中气体不同的运动状态、空气密度和成分特性，大气层从低到高分为对流层、平流层、中间层、电离层和散逸层。对流层是地球上所有生命活动的主要范围。

生命是一个复杂的氧化还原体系，空气中的氧化剂氧气从人的鼻孔吸入，还原剂食物从人的口腔经咀嚼磨碎进入肠胃，经过肠道的消化吸收，最终在细胞内发生氧化还原反应，产生的能量来维持生命的新陈代谢活动，氧化还原反应的最终产物是二氧化碳和水。生命是一个开放体系，如同复杂的化工厂，有原料的摄入，有产物的利用，有废物的排放。它利用了环境中的物质和能量，必然也会向环境中排放固体、液体和气体三种废物，同时与环境发生能量交换。

自然环境中与人类关系最直接的物质就是食物和空气，空气的主要成分及其在人体中的作用见表 1-1（董川，2013）。

※ 表 1-1　空气的主要成分及其在人体中的作用

物质	分子量	含量/%	在人体中的作用
N_2	28	78	生命构架与遗传物质
O_2	32	21	释放食物中存储的太阳能
CO_2	44	0.03	生命代谢的产物
H_2O	18	微量	生命中一切生化反应的媒介

空气中氮气含量最高，为 78%。它是构成生命的基础物质，是生命构架和合成 DNA、RNA 及蛋白质的必需元素，其合成过程非常复杂。氧气大约占空气的 21%，它参与生命体体内物质代谢和能量代谢的过程，是植物光合作用的产物，它是地球表面大部分生物赖以生存的氧气来源。氧气是生命体维持体内正常运转的必需物质，同时，氧在人体内也会产生不利的自由基，即有氧化活性的游离基，它会使生命体内正常的物质受到氧化而破坏，从而导致衰老和生病。人体老化的本质就是氧化，及时清除体内多余的氧自由基，可以延年益寿。二氧化碳在空气中的含量大约为 0.03%，是生命体代谢的产物，也是地球上绿色植物光合作用的物质来源。光合作用固定了太阳能，生成了大量的有机物，提供了地球上大部分生命所需的物质和能量。空气中的氮气、氧气、二氧化碳对于生命现象看起来简单，其实蕴含着复杂的、人类迄今未知的科学规律，它需

要我们进一步去探索、去研究。

四、生命与土壤环境

土壤是地球陆地表面由矿物质、有机质、水、空气和生物组成的具有一定肥力、能够生长绿色植物的疏松表层。土壤是一种独立的自然体。它是一定时期内，在一定的气候和地形条件下，经过活有机体和非常复杂的各种成土因素共同作用于成土母质而形成的。土壤由固相物质、液相物质和气相物质三部分组成。固相物质是岩石风化而成的矿物质，动植物、微生物残体腐解产生的有机质，土壤生物和氧化的腐殖质；液相物质主要是水分；气相物质是空气。这三类物质在土壤中构成了一个统一体，它们互相联系，互相制约，为绿色植物提供必需的生活条件。

人类生命活动的能量来源于绿色植物的光合作用产物，生命活动得以维持的食物来源主要就是粮食生产，粮食生产离不开土壤，而农业生产活动就是最典型的代表。农业生产活动的主要对象是人工栽培的单一植物群落，比如：稻、麦、玉米、大豆等一年生草本农作物，这些作物代替了天然植被，改变了土壤的自然状态。农业生产为了获得高产，常常通过耕耘改变土壤的结构、保水性、通气性；灌溉改变土壤的水分、温度状况；施用化肥、有机肥补充土壤养分的损失，从而改变土壤的营养元素组成、数量和微生物活动等；最终将自然土壤改造成为高产的耕作土壤。人类活动对土壤的积极影响是培育出一些肥沃的耕作土壤，但是，由于违反自然成土过程的规律，对化肥、农药、激素超量使用，以及其他一些破坏良田土层的错误做法，造成土壤退化、肥力下降、土壤污染、水源污染、水土流失、盐渍化、沼泽化、荒漠化等现象，人类农业生产活动严重地影响了土壤环境的正常演变，所造成的影响不可小觑。

人类在向土壤“索取”食物的同时，也认识到对土壤环境造成的影响，在积极地采取各种措施进行补救。如：植树造林、荒漠治理。最为典型的就是植物造林和恢复绿地，据测算，每公顷森林和公园绿地，夏季每天分别释放750kg和600kg的氧气，同时森林和绿地在防风固沙、保持水土方面也有很大的作用，并有利于土壤的改善。2019年11月，科技部发布的《全球生态环境遥感监测2019年度报告》显示，2000～2018年，全球森林面积净减少1700万平方公里，而中国森林面积净增长4500万平方公里。

生命起源于“海洋”，但是，人类活动的维持却要依赖于土壤，正是由于土壤的存在，人类才有了较好的栖息环境，赖以生存的粮食来源有了更好的保障。所以，人是自然的产物，故人要顺应自然，热爱自然，保护自然，人与自然和谐共处，互利双赢。

第三节 ●○ 生命的属性

生命的属性是生命体先天自然本我的属性，是每个生命体依据其独特的生命方程式，在出生、成长、衰老、消亡的整个生命过程中，生命体与其所处环境中事物互动时所呈现出的独特的确定性和运动态势的规律性，伴随着生命体的全过程。生命有四个属性，运动性、唯一性、全程性和自律平衡性。

一、生命的运动性

物质是运动的基础和载体，运动是物质的存在方式和根本属性。世界是统一的物质世界，生命也不例外。所以，生命是物质的也是运动的，没有不运动的物质，也没有离开物质的运动，运动是生命诞生和存在的前提。要维持生命体的存在，离不开运动；生命的发展在于运动，运动又是生命发展的动力和源泉，没有运动就没有生命，没有生命也就无所谓运动。可以说，生命最本质的属性就是运动。但是，生命的物质运动性有别于非生命的物质运动，生命物质的最大特点就是能自我更新，生命物质中的DNA能自我复制，是生命物质能自我更新的根本原因，DNA的自我复制是细胞的增殖、生物增殖和遗传的基础。生命的运动不是重复的运动，每个周期都是全新的运动。

无论是森林里的参天大树还是石缝中求生的小草，无论是强壮的凶禽猛兽还是弱小的蝼蚁，当它们遇到狂风暴雨、洪涝旱灾、寒风暴雪时都要顽强地活着，也就是要维持生命的运动。

人是高级的灵长目动物，是自然界的产物，也应遵从自然规律。抛开哲学层面，现实生活中，人们所谈的运动是指具体的肉体运动。人的运动是生命存在的前提，也是人类预防疾病、消除疲劳、健康长寿的重要途径。法国思想家伏尔泰说“生命在于运动”，一语道破了生命的奥妙，揭示了生命活动的规律。保持脑力和体力协调的适宜活动，是人类健康长寿的重要手段。尤其是在现代社会，由于肥胖、高血压、高血脂、高血糖等导致的心脑血管疾病，给人类健康带来了极大的影响。人类消除这些疾病，迄今为止发现的最科学、健康、简便的良方，就是适宜的运动。

生活中的运动包括有氧运动和无氧运动。有氧运动一般是慢跑、游泳、瑜伽、舞蹈和动感单车之类的运动，有氧运动的特点是强度低，运动时间较长（约30min 或以上），运动强度在中等或中上等的程度（心率保持在最大心率值的60%～80%），有氧运动有利于心肺功能的提高和脂肪的燃烧。无氧运动是肌体的主要肌肉在“缺氧”的状态下高速剧烈地运动，负荷强度高、瞬时爆发性强，是力量训练性运动。常见的无氧运动有短跑、举重、俯卧撑、潜水、肌力训练（长时间的肌肉收缩）等。无论是哪种运动，都是人类生命运动的形式。具体到每一个人，究竟是有氧运动好还是无氧运动好，就要因人而异、因时而别，根据自己的具体情况科学选择适宜的运动方式。

二、生命的唯一性

世界上具体的生命都不相同，每个生命体都是独一无二的，因此每个生命体的属性也都是独一无二的。世界上找不到生命属性完全相同的两个生命体，即便是外貌、性格都十分相似的同卵双胞胎，其生命属性仍然是不同的。生命的唯一性造就了世界的多样性，这也是世界多彩纷呈的根本原因。

人类也是如此，人类生命的唯一性，本质上就是生命的不可复制。人类生命的唯一性不仅是遗传的魅力所在，更是变异的魅力所在。如果没有变异，遗传也就失去了意义，人类也就失去了进化的动力。没有变异，对生命的预期也就消失了；尽管存在的生命是活的，但是生命的整体是一潭死水，遗传只是让这潭死水在时间的长河中不停地复制。生命的唯一性，让个体生命有了特殊性，同时也带来了生命的差异性，丰富了生命的多样性，让世界变得更美丽。

三、生命的全程性

生命的全程性，简单地说就是生命的全过程发展，它包括了个体生命从诞生、发育、生长乃至生命结束的全过程。人生一世的发展是一个多层次、全方位、由诸多因素共同决定的生命发展过程。

每个生命体出生的环境不同，成长过程不一样，人生际遇不尽相同，人生发展的成就参差不齐，他们所表现出的特性也就不尽相同。所以要想完整认识和研究生命的内涵，应当从生命的全过程入手。任何割裂人生阶段，讨论一个个体的生命都是不全面、不严谨的。

生命的全程性体现了生命的整体性和统一性。人生发展的每一步都是与他自己的生活积累、知识积累、人生阅历分不开的。人生现在的每一步都是未来前进的台阶和基础，每个人一生的所有经历都是息息相关的，人生走过的每一个台阶都具有因果性和必然性。正所谓“种瓜得瓜，种豆得豆”，生活中常有人抱怨自己命不好，没有很好的机遇。其实，路都是自己走出来的，优秀的业绩是自己日积月累一点一点做出来的，良好的人际关系是自己用真心、爱心一点一点培育出来的。考量一个人的好与坏、善与恶要从他的一个阶段、人生的整体来看，为此，有人感慨：自己的一生还是留给历史来评价，就是这个道理。

四、生命的自律平衡性

世界上的一切事物都处在运动变化之中，而这种运动变化在一定时期内处于相对平衡状态。生命的平衡状态就是生命体内部及生命体与其所处的外界环境之间物质和运动达到平衡的状态。

生命是物质的，物质是运动的。人体是一个统一的整体，体内的各器官和各循环系统都按照一定的规律有序平衡运行，尤其是人体内的新陈代谢过程。人体内目前已知有 700 多种生化反应，它们在数百种酶的参与下有序进行，新陈代谢的各部分环环相扣，是一个动态平衡的整体系统。任何一个环节出现问题，涉及的反应就不能完全进行，会产生大量的中间产物，这些中间产物会给人体带来额外的负担，给机体带来不同程度的损害。人类身体的疲惫、困顿、疾病（包括癌症、心脑血管疾病等）都是体内生化反应的某个环节出了问题，新陈代谢的平衡被打破所造成的。这种不平衡的长期存在，造成了大量有害物质的积累，长期积累的有害物质会对组织或器官造成可逆或不可逆的损伤，这种损伤的外在表现就是生病。

自然界的法则决定了生活在地球上的一切生命必须和谐相处，共同缔造美丽的家园，维持一种动态平衡。一旦这种平衡打破，人类就会受到自然的惩罚。目前所知的，最先打破这种自然法则的就是强大的恐龙，然而，最先灭绝的也是恐龙。人类的历史相对于地球非常短，可是，人类却把天上飞的、地上跑的、水里游的各种动物作为自己的美味大餐，于是珍稀动物越来越稀少，有的近乎灭绝。因此，许多有识之士提出，人类要尊重自然，保护自然，与自然和平相处、和谐共生。这种观念也得到当下大多数人的认同，人们对自然的尊重意识逐渐增强，人类所生存的自然生态已经趋于好转。

自然界的法则总是要恢复或保持平衡状态。自然界发生能量不平衡的时候，相关物质就会产生交换能量的现象，这就是热力学第二定律产生的基础。比如：一个斜面上静止的物体，摩擦力、重力、支撑力会使物体处于静止状态，物体处于一个平衡状态；当给物体施加一个外力让它运动，打破了这种平衡，会有两种情况。其一，与物体接触的表面有摩擦力，摩擦力为恢复平衡，将动能转化为热能消耗掉，直至动能为零，物体回归原来的静止状态；其二，斜面非常光滑，摩擦系数为零，物体在斜面上保持匀速运动，物体与斜面建立了另一种新的平衡状态，只有施加的外力消失，这种平衡才会被打破。

维持平衡是自然界的法则，维持自然界的平衡就是维护人类的和平与安定。人类存在于自然界，他无时无刻不与身处的环境进行着物质和能量的交换。生命存在所需的物质和能量离不开自然，而自然界存在平衡的属性，那么，生命个体也无时无刻不在趋向于保持平衡的状态。因此，生命的个体之间也要相互尊重，保持各自生命状态追求平衡的属性。

第四节 ●○ 生命的意识

一、生命意识的本质

地球上所有的生命都是由分子、原子、夸克或其他更小的粒子组成，生命体组成成分相对于非生命体来说更为复杂。然而生命体能产生意识并主动适应、改造所生存的环境，而非生命体则没有这样的能力。是组成生命体的物质产生的意识，还是意识导致生物体的组成？意识的本质是什么？

意识的本质就是信息的分类处理。对生命体而言，意识就是将收集到的信息与自己的行为目的结合起来进行综合分析，重新评估要素权重、定位和更新信息的含义，重新更新行为策略、观点或立场。实际上，意识就是生命智能的功能反应和体现，是生命智能对事物感应、辨别的信息处理。所谓的人类意识的本质，就是具有智能的生命。意识具有能动性、自觉性和目的性三大特性，其中意识的能动性是产生人的兴趣、意志等人格倾向；意识的自觉性是产生人的饥饿、寒冷、欲望需求等内在意向；意识的目的性是产生人的清醒、糊涂、注意力的集中与分散等外在意识。

意识形成的生物化学机制是什么？人体中有两万多种蛋白质，它们是如何耦合形成情感、记忆、思维、想象等意识活动的？意识又是如何在分子水平反作用于人体物质的？如何在分子水平解释心理和生理活动？例如，人在喜悦和悲伤时眼泪的化学成分有什么区别？人在愤怒时体内代谢反应会有什么变化？

2020 年 4 月，苏州市某派出所民警从贩卖活体动物的罪犯手中解救出一只小熊猫，小熊猫入住派出所时已是晚上，警务人员已经没法为它找托管单位。"从四川直运苏州，它该饿了。"细心的警务人员把苹果削成片放进纸箱，小熊猫连吃了两个苹果。次日上午，派出所为小熊猫联系了托管单位——苏州市上方山森林动物园。入住动物园后，小熊猫的反应更加激烈，有人靠近就十分狂躁，并且拒食。第二天早上，动物园工作人员发现可怜的小家伙已蜷缩一团，毫无生命体征。动物园对小熊猫进行解剖，发现心脏内有积液、心肌出血、肝脏破裂。解剖人员说："这是环境频繁变化后典型的应激症状，符合野生动物被抓捕和长途运输后受到惊吓致死的症状特征。"（新浪网，2020）这说明精神压力会影响动物的正常生活乃至生命。目前我们还不能解释这个现象的化学过程，因为人体中的化学反应太复杂了。它不是一个单一独立的平衡反应，而是无数个化学反应相互交叉耦合在一起，相互协同、相互拮抗、相互影响的多极平衡反应。这些反应交联在一起，按照一定的规律应对其物质条件变化或环境条件变化，来调节生命体应对自然、适应自然。每一个化学反应都具有一定的生理功能，它们犹如一组传感触角，探知外界的变化并做出调节，通过众多的这种调节变化表达对环境的反应，这些生理功能高度而复杂地耦合在一起，就会产生人的情感和意识。

恩格斯说过，生命是蛋白体的表现形式。从现代科学知识的角度来看，生命的本质在于蛋白质和核酸的复合体。核酸储存生命信息，蛋白质则体现生命功能。意识作为大脑的功能，必然是大脑蛋白质的功能体现。因此，我们要理解意识，就应该从蛋白质的基本性质入手。生命是相互联系、相互影响、相互制约的复杂化学反应体系。生物体内多级平衡反应体系是相对稳定的，而且是不断发展的。

探索意识的产生和活动，离不开对大脑的研究，大脑的进化、衰老等一系列重大问题的研究，对人类精神的本质具有重要的价值。脑与认知科学的研究最终离不开分子生物学的支撑，既包括神经系统内的神经元、神经细胞、细胞间传递介质、受体及其变化过程，也包括对知觉、记忆、推理、语言理解、知识获得、情感变化等过程，通过微观分子生物学研究，以进一步阐明意识的生理变化过程及其本质特征。

二、意识上的生命运动

意识活动是在物理运动、化学运动、生命活动的基础上形成的一种特殊物质运动形态。它又可以反作用于生命活动、化学运动、物理运动。现代量子理论认为，意识的运动即意识纠缠，是意识在时间维度和空间维度的信息纠缠。时间维度要从生命遗传学上考虑，一个生命的诞生和消亡，不仅仅是个体的出现和消失，它既包含了千万年来人类生命的遗传信息 DNA 的传承，也通过自己与自然界的交流，记录了大量现代信息遗传给后代子孙。空间维度是从社会学角度来考虑，个人的意识不是孤立的，它始终处于与父母、家庭、社会、环境等不同领域的信息影响之中，个体意识在不同影响下逐渐发展成熟，形成自己独特的意识定式和习惯。众所周知，人体通过感觉器官接收外界信息，然后经过大脑的处理形成意识指令，调节有关组织器官的活动，使人体生命活动与周围环境达到某种平衡，这个过程是在高级神经中枢指挥下完成的，也就是说是显性意识活动。而人类的有些活动是在隐性意识活动下完成的，比如游泳，游泳是一项技巧能力的实践训练，仅从书本中是不能学会的，必须在实地反复训练过程中，建立起一系列完整的意识反射活动，形成主导全身和谐运动的条件反射，才能掌握游泳的技巧。由此可知，人类的许多特定技巧型行为不是生来就有的，而是随着特定意识行为的主导而形成的。人类要学会游泳是一种主动意识（显性）活动，会游泳是主动意识驱使下另一种意识（隐性意识）活动的养成，是意识主导人体生命活动的结果。与此同时，大脑皮层细胞结构也发生相应的变化，建立起某种适应这种意识活动的条件反射。

人类的一切生命活动是在意识活动的支配下进行并完成的。人的意识活动是生命活动的先导，肉体的生命活动是实现意识活动要求的手段。人们在日常生活中的基本活动，如：走路、跑步、干活等体力劳动所需的力量，都来源于身体运动系统的功能；但是在某种条件下，意识可以改变人体力量的强度。当人体精神高度集中或具有某种强烈的愿望时，就可以使力量增强；反之，精神不集中，消极、恐惧心理等，可以使力量减弱。比如：体育运动员比赛时，如果竞技与精神状态都特别良好，往往可以超常发挥，打破纪录，创造佳绩；若竞技与精神状态不好，可能连平时的正常水平都发挥不出来。这是意识对身体力量影响的表现，也是意识行为的一种表现。

意识也可以改变人体的生命活动行为，最典型的例子就是“望梅止渴”。这是由于意识活动可以改变、影响体内有形物质的新陈代谢规律，进而改变人的生理活动的现象。小孩子在听到或看到自己喜欢的食物时，不自觉地流出口水，也是一样的道理。诸如此类的实例很多，如：人在压力很大的情况下，短时间内头发会变白；人在紧张的情况下血压会急剧升高，严重的会吐血，这就是意识对物质能动作用的实例。

意识可以影响人类的健康。人的意识活动对全身的生命活动起着支配和调节的作用。轻松、愉悦的精神状态能使人健康，紧张、压抑的精神状态能影响人的正常生理代谢活动而致病。良好的精神状态可以使人的生命力最大限度地得到加强，体现了意识行为对人体的能动性是不可小觑的。

三、生命的基因探索

基因就是生物传递遗传信息的物质，是控制生物性状的基本遗传单位，它遍布人体的每个细胞（红细胞除外）。人类的所有活动和行为、人类的健康和疾病都是由基因来操纵和调控，一切生命的生、老、病、死都与基因有关。

人们对基因的认识是不断发展的。19 世纪 60 年代，遗传学家孟德尔从逻辑推理上提出生物的性状是由遗传因子控制的观点。20 世纪初期，遗传学家摩尔根通过果蝇的遗传实验，明确了基因存在于染色体上，并且在染色体上呈线形排列，得出染色体是基因载体的结论。20 世纪 50 年代以后，随着分子遗传学的发展，沃森和克里克提出 DNA 的双螺旋结构。至此，人们对基因的本质才有了真正的认识，即基因是具有遗传功能的 DNA 片段。

人类基因组计划是 20 世纪最重大的事件。2000 年 6 月 26 日，参加人类基因组工程项目的美国、英国、法国、德国、日本和中国的科学家共同宣布，人类基因组草图的绘制工作已经完成。这意味着人类逐一了解每个基因的功能，并找到基因疾病的根源，将不再是遥不可及的事了。预计 2020～2050 年，人人可得到自己的基因图谱，根据图谱信息可预测自己将来的身体健康状况。人类目前已发现的 6500 多种遗传类疾病的基因信息将全部被解析，绝大多数遗传性疾病将有机会治愈；大多数威胁人类疾病的病因可能被发现，人类治愈重大疾病的概率会大幅度提高。分析人类基因组图谱，有可能发现控制人类变老的基因，人类达到理想寿命的预期或可实现。

当前，对人类生命健康威胁最大的疾病是心脑血管疾病、肿瘤、呼吸系统疾病、糖尿病、神经精神类疾病（老年性痴呆、精神分裂症）、自身免疫性疾病等多基因疾病，这些疾病也是人类基因组科学研究的重点。认识和了解与人类疾病相关的基因，是人类基因组中结构和功能完整性至关重要的信息。

破译人类基因密码，将对生物学、医学、生物工程、医药工程，乃至整个生命、医药科学产生无法估量的深远影响。目前，人类基因组信息的研究工作仍然处于初级阶段。随着将来对基因组的研究更加深入，新的知识会使医学和生物技术发展更为迅速。基因诊断、基因治疗和基于基因组知识的干预、基于基因组信息的疾病预防、疾病易感基因的识别、风险人群生活方式、环境因子的干预都会得到进一步发展。基于 DNA 载有的信息在细胞生命活动中的指导作用，在分子生物学水平上深入了解疾病的产生过程，将大力推动新疗法和新药物的开发研究，对于降低人类患重大疾病的风险和治愈影响人类健康的重大疾病有重要的贡献。

科学始终是一把双刃剑。科技发展带来便利的同时，也会带来一系列的社会问题。如：我们去医院抽血化验，只要一滴血就可能会导致我们的基因序列被解密，基因信息就有可能被别人掌握，个人也就没有什么隐私了。这就涉及如何保护个人隐私的社会问题。科学技术往往是这样，发展的同时也会带来一些负面的问题，我们不可能因为科学技术有负面效应而裹足不前，应合理和正确地利用科学技术，必要时候，通过立法等手段强行规避科学技术带来的负面效应。比如：基因克隆技术是基因工程的重大突破，而克隆人的问题将会彻底地颠覆人类已有的伦理、道德、法律等一切意识形态，将使人类社会的伦理关系处于极度混乱状态。为此，世界上绝大部分国家禁止该项技术在人类方面的研究。

随着科学的发展和技术的进步，人们对人类生命的认识更加深刻，对人类基因的研究更加深入，基因与人类关系的解析更加透彻，相信不久的将来，人类基因的研究成果将极大地影响人类的生命活动和健康状况。人类必然会从自然王国走向自由王国，人类的世界观、人生观、价值观也必然会随之发生相应的变化。

第二章

环境与人类

在茫茫宇宙中，地球是迄今为止发现的唯一存在智能生物的星球。地球上的环境丰富多彩、复杂多样。人们常常按照组成地球环境最基本的要素，将地球环境分为大气圈、水圈、土壤圈、生物圈和岩石圈；也有人从环境的属性出发，将地球环境分为自然环境和人文环境，自然环境就是指地球的五大圈——大气圈、水圈、土圈、岩石圈和生物圈；人文环境是人类创造的物质的、非物质的成果的总和。无论哪种划分，它都是人类赖以生存的物质和精神基础。只是为了研究的方便，根据一定的目的、原则和标准，突出各种特性和状况等环境要素，对环境进行不同层次、不同类别、不同系统的研究。

第一节 ●○ 自然环境中生物生存方式的启示

自然环境，广义上是指存在的整个世界，它既包括自然科学研究的无机界和有机界，也包括社会科学研究的人类社会；人和人的意识是自然发展的最高产物。狭义的自然环境是指大自然，它是自然科学研究的无机界和有机界，是自然界的主体，不包括人类社会在内。

自然界广阔神秘，生生不息，承载着自然界的进化和人类的繁衍进步。它不是抽象或遥远的存在，它与人类社会息息相关。大自然在进化发展过程中蕴藏着大量的智慧和哲理，是人类思想和文明的源泉。人类对大自然的认识还非常有限。科技发展到今天，我们所认识的世界还不到整个世界的5%。这与1000多年前人类不知道有空气、电场、磁场，不认识元素、分子、原子和夸克相比，我们的未知世界仍然大得多。

生物是大自然的产物，它们的生存方式是亿万年进化的结果，对其生存方式的认识，可使我们得到许多启发，从而获得人生的智慧。物质决定意识，意识对物质具有反作用。因此，大自然发展的规律必然会延伸到人类社会当中，并影响人类的生存和发展。

一、生物的生存与智慧

生命的存在离不开物质资源，获取物质资源是生命存在的第一要务。自然界数亿年的进化使世界上的生物选择了两种相对有效获取资源的方式，即动物的“动”和植物的“静”。动物采取“运动”的方式，大范围内收集有效的生存资源；植物采取“静止”的方式，在相对固定的范围内，纵横深入挖掘生存所需的养分。动物的“动”表明生命在于运动，运动才有机会，运动的范围越大，机会就越多。植物的“静”表明生命在于“静止”，这个“静”是相对的，即植物在位置相对固定的状态下，同样也能汲取养分，生存壮大，休养生息。生物不论处于“动”的状态，还是“静”的状态，都是为了更好地生存发展。

生命在于运动，也在于静止，运动和静止是相对的，它们是生命存在的两种形式，各有特点，包含着自然界进化的哲理。人是有智慧的高等动物，不但要认识动物的长处，还应明白植物的优点。人类在社会活动中需要动静相宜，动求机遇，静求休养，动与静都是为了生存和发展；就像文武之道，一张一弛。人类的有机体在生命的运动与静止之间应保持适当的平衡，若平衡失调，人体动静节奏就会紊乱，机能就会下降，人体就会产生疾病。

大自然对人类无私给予，不求回报，但需要人类去珍惜和爱护。人类不能以征服者自居，尊重自然其实就是尊重人类自身。尊重自然，就是要动静相宜。人类社会的可持续发展同样也需要处理好动和静的关系。建设生态文明既有利于人民的福祉，又有利于大自然的生生不息。一味地讲开发，以“动”的方式向大自然索取，一味地追求 GDP，大自然得不到休养生息，资源和能源就会枯竭，生态平衡就会遭到破坏。正像习近平总书记所讲的，我们既要绿水青山，也要金山银山；宁要绿水青山，不要金山银山，而且绿水青山就是金山银山。习总书记告诉我们：要有绿色发展观念，要有大局观、长远观、整体观，要尊重自然，懂得休养生息，维护大自然的生态平衡，遵从大自然的发展规律。

当今时代，科学技术的发展、教育的普及、社会制度的进步等一切外在的努力，都不足以从根本上解决生态与环境危机。只有改变我们的价值观与发展观，敬畏自然，聆听自然，感恩自然，才能真正实现人与自然的和谐发展。

总之，人类的一切活动要动中有静，静中有动。动静结合，才能不断前进。事物运动发展的规律是运动静止，再运动再静止，循环往复，螺旋上升，每一次上升，都会得到新的发展。一旦循环停止，事物的生存就会结束。

二、生物的竞争与合作

竞争是自然界的一种普遍现象。不同物种、不同种群的生物之间为争夺生活空间、资源而存在激烈竞争。不仅动物界有弱肉强食的现象，植物界也存在寄生、绞杀现象。例如，榕树是热带雨林中的绿色杀手。动物把榕树种子带到其他树丫上，种子就会发芽、生根。幼小的榕树能产生许多气生根，随着榕树不断长大，它的气生根会互相交叉、融合，逐渐将寄主树木包住勒紧。最终，榕树将自己赖以成长的树木扼杀，而小榕树最后变成茂盛的大榕树，甚至一片榕树林。自然界充满了你死我活的残酷竞争。

人类社会和生物界的竞争有所不同。植物对阳光、水分、土壤等物质展开竞争；动物对食物、繁殖、领地等物质和情感进行竞争。而人类除对物质、情感展开竞争外，还有认知和信仰领域的竞争。动植物界的竞争围绕生存和发展展开，只局限于眼前利益。然而，人类的竞争除了围绕生存和发展以外，还有一个高于动植物之上的目标，那就是和谐和可持续。人类不仅关心眼前利益，更追求长远利益。由此可见，自然界的竞争是低等、残酷的，而人类社会的竞争是高等、和谐的，自然界和人类社会竞争的内涵比较见表 2-1（董川，2013）。

※ 表 2-1 自然界和人类社会竞争的内涵比较

项目	植物	动物	人类
竞争内涵	物质	物质、情感	物质、情感、信仰
竞争目的	生存、发展		生存、发展、和谐、善良
竞争问题	眼前利益		眼前利益和长远利益
竞争原理	达尔文的进化论		科学发展观
竞争级别	低等残酷		高等和谐

自然界充满了竞争，也充满了合作；合作就是互利共生，互利共生是自然界最重要的种间关系之一。植物产生的氧为动物所必需，动物产生的二氧化碳为植物的生产原料，二者相互依存，互惠互利，共同发展。昆虫和鸟类帮助有花植物授粉、传播种子，植物则为它们提供花蜜和果实作为回报。如果没有物种之间的互利共生关系，大部分生物将无法生存。

人类社会也是如此，不但充满了竞争，也充满了合作。合作就是互利共生，也是合作共赢。合作包括人与自然的合作和人与社会的合作。人与自然的合作在于维持自然的可持续发展和生态平衡；人与社会的合作在于保持和谐共存和心态平衡。生态平衡有利于人类赖以生存的环境更加安全、更加美好，心态平衡推动人类和平友好共同发展、共同进步。

三、生态位的内涵与启示

生态位（ecological niche）是指一个种群在生态系统中，在时间和空间上所占据的位置及其与相关种群之间的功能关系与作用，是一个物种所处的环境以及其本身生活习性的总称，也是其进化过程中对环境适应的结果。生态位又称生态龛，表示生态系统中每种生物生存所必需生境的最小阈值。

1. 物种生态位的独特性

千万年的自然进化，物种在自然环境优胜劣汰的选择下，为了生存、适应环境，形成了对环境资源（如：光照、温度、水分、养分等）保持最大汲取能力的综合特征。每个物种的生态位是其自然进化过程中形成的特有的生存所必需的生境最小阈值，是自身无法选择的。同样，人的出生也是不可选择的，有的出生在官宦世家，有的出生在寻常百姓家；有的出生在豪门望族，有的出生在贫困人家；有的出生在繁华都市，有的出生在偏远山村。人的出生决定了起点的不同，但这只是起跑线而已，人生的道路很长，起点决定不了终点，关键在于人生道路上的奋斗。在漫长的人生道路上，人的幸福和理想是可以自己把握的。面对漫漫人生，无论出身如何，只要肯吃苦、有理想、有目标、有毅力，就可能实现自己的目标，收获自己的幸福。尽管人生道路不可能一帆风顺，但通过努力，均有可能获得成功。

每个物种的生态位都是独特的。自然界是一个完整而复杂的生态系统，由于生存而形成的捕食与被捕食是其基本的关系链条，即食物链是生态系统最基础的关系，每条食物链都是其中的一部分。自然界由于经度纬度不同、海拔高度不同、气候条件不同、环境资源不同，不同地域有不同的物种，不同的物种有不同的生态位，这也就是自然界生物的多样性。生物多样性是全人类共有的宝贵财富，是获取丰富的生产原料及生活必需品的源泉，是人类生存发展的基础。所以，我们要尊重自然，善待自然，善待万物，用感恩的心爱护自然，珍惜自然界的一草一木、一蝼一蚁，保护自然界的生物多样性。

2．生态位规律

同一生态位的物种，个体对资源的需要非常相似，属于种内竞争，竞争会特别激烈。竞争的结果是，胜利者为了它们的生存和繁殖需要，尽量多地得到必需品，而失败者则把必需品让给它的竞争胜利者，这就是争夺竞争策略，它们对资源的竞争常常是优胜劣汰。比如：在冬季来临之前，为了越冬狗熊大量地猎取食物，以增加体内营养物质的蓄积，体质好、年轻力壮者有能力蓄积更多的营养物质，可以增加抵御严寒的能力；而体质差、老弱病残者在这方面相对较弱，在遇到特殊寒冬季节时有可能因缺乏营养物质抵抗不了严寒而死去。松鼠也是如此，体质好的可以蓄积大量的越冬粮食，体质差的会因粮食缺乏而死去。这就是生物进化的优胜劣汰。

相邻生态位的规律是弱肉强食，属于种间竞争。种间竞争是不同种群之间为争夺生活空间、资源、食物等而产生的一种直接或间接抑制对方的现象。种间竞争的结果常常是不对称的，即一方取得优势，而另一方被抑制甚至被消灭。

竞争的能力取决于物种的生态习性、生活型和生态幅等。羊跑得慢常被狼吃掉，跑得快就有可能求得生存。要想生存，就必须不断拼搏、不断奋斗。同样，人不想吃苦，不愿奋斗迟早会被淘汰。成功是需要努力的，虽然不是所有的努力都会成功，但是不努力肯定没有成功的希望，努力了成功的概率才会提高。

优胜劣汰、弱肉强食是众多物种关系当中的一种，看似不公平，其实在大自然、大生态系统中是公平的、合理的、平衡的。如：羊的相邻生态位中，上面有狼，下面有草。比上不足，比下有余。向上看，世界末日，羊感到很不公平；向下看，绿草如茵，世界真美好。由此可见，相邻生态位存在着局部的不公平、不平衡。然而，整个生态系统却是公平的、平衡的。平衡是绝对的，不平衡是相对的。同样，人类社会总体的公平中必然包含着诸多局部的、微小的不公平，也许就是这些局部的、微小的不公平激发了人的进取、推动了人类的进步，不要因为局部的不公平、微小的得失而对社会不满；要用大局观、全局观、长远观看待世界，世界总体是公平的、美好的、平衡的。平衡是人类和谐美好、可持续发展的最高境界。

3．生态系统的完整性

地球是一个完整的生态系统，它是由许多不同的生态系统组成的。在每个独立的生态系统中每个物种生态位首尾相连、相互交叉，形成了一个完整和谐的循环生态圈，如果某一个环节存在不可修复的不平衡，这个生态系统将会因断裂而崩溃。

人类尊重生态圈就是尊重世界，追求生态平衡就是追求世界的美好和谐、可持续发展。生态圈的各环节都不可或缺，缺少任何一环，平衡都会被打破。同样，人类社会的每项事业、每个岗位都是社会发展不可缺少的，它们构成社会有机整体的每一个环节，不应因为分工不同而忽视、轻视其他人。有的人看不起环卫工人，殊不知每天干净的街道、整洁的环境都是他们辛勤劳动的结果。如果没有他们的付出，我们的环境将会是什么样子？有的人看不起农民，但如果没有他们，一日三餐的粮食从何而来？因此，工作没有高低贵贱之分，无论做什么，都应互相尊重，都要爱岗敬业。

生物在亿万年的进化过程中，形成了科学高效的动静相宜的资源获取方式。自然界中万事万物的运行都是有规律的，我们要尊重规律。人类的每一次获得都要付出代价，没有免费的午餐。各个物种之间的残酷竞争或互利合作，最终构成了丰富多彩、生机勃勃的自然界。每个物种的生存都具有独特性和无可替代性，其生存价值的特殊性形成了自然界的多样性。自然界的多样性为人类的生存和繁衍提供了强大的物质基础和保障。

四、人类的需要理论

1．马克思的需要理论

马克思对需要理论的研究是以唯物主义历史观为出发点的，他在《1857—1858 经济学手稿》中将人类历史划分为物的依赖性社会、以物的依赖性为基础的人的独立性社会、自由个性社会三种社会形态。而这三种社会形态能够帮助我们考察人类需要的类型及其历史变化。马克思主义的需要理论，首先是建立在个人和社会不可分割的整体观的哲学基础之上，个人和社会是辩证的统一。首先，在个人和社会不可分割的前提下，个人的需要并不只体现个人的意志，还体现了个人需要的社会意义。其次，马克思主义的需要理论，又是历史地辩证地看待人性与动物性（兽性）的区别的。人通过大脑的思维展示出需要的表现，是人的社会性，是人一定程度的理智表现；而动物则是兽性的、生理上的、本能的表现。第三，马克思把人类的需要活动放到历史的进程中去考察，放到生产的历史发展中去考察，认为人类的生产活动是从生产生存资料进步到生产享受资料，再进步到生产发展资料。

由此我们可以看出，人类有两类需要，一类是生存需要，即对食物、水、睡眠、婚姻等，维护个体生存和种族延续所必需的，体现在物质生活、物质利益、文化生活、精神生活的追求和需要；另一类是社会需要，即对劳动、交往、求知、受尊敬和自我实现等维护社会存在和发展的需要，主要体现在社会交往、生产交往、体力劳动和精神劳动的追求和需要。这两类需要互相依存，不可分割，是人类生存于社会必要的组成部分。

2．马斯洛需要理论

美国著名社会心理学家亚伯拉罕·马斯洛（Abraham H. Maslow）于 1943 年提出马斯洛需要层次理论，它的基本内容是将人的需要按照生存需要、安全需要、情感需要、自尊需要和自我实现需要五种，从低到高进行排序。它认为，人有五个依次发展的需要，一是衣、食、住、用、行等方面的生存需要；二是避免监督、希望公正待遇、劳动安全、环境安全等方面的安全需要；三是情感、交往、归属等情感方面的需要；四是自尊和受人尊敬的自尊需要；五是最大限度地发挥自己潜能的自我实现的需要。马斯洛需要层次理论是人本主义科学的理论范畴，它不仅是一种动机理论，同时也是一种人性论和价值论。它体现了人的内在力量不同于动物的本能，内在价值和内在潜能的实现乃是人的本性，人的行为是受意识支配的，人的行为是有目的性和创造性的。

3．需要理论的分析

人类的生存与发展，需要物质和能量的支撑，物质和能量就是人类存在的基础。任何事物发展都始于基础，基础不牢，则发展不高或没有发展。事物发展也是由低级向高级不断上升的，是遵从循序渐进的规律的。事物的发展、进步过程就是需要不断追求、满足，再追求、再满足的过程。在马斯洛需要层次理论中，跨层次的需要发展很难，它是空中楼阁，基础不牢，易垮塌。人类也是如此，不同层次的人或集体认识处理问题的方法、目标、境界各不相同。同一层次，地位平等，有共同语言，能合作，有共赢的可能性；相邻层次，则主次有别，双方对共同事物的认识有差距，居上层地位的占有利地位，易获取更大利益，处于下层地位的只能是从属地位；相隔层次，双方认识、理念差距甚远，则可能是两极分化，往往会出现绝对的领导与被领导，甚至是剥削与被剥削、压迫与被压迫的状态。

人的需要是从低到高，按层次逐级递升的。某一层次的需要相对满足了，就会向高一层次发展，追求更高一层次的需要就成为驱使人进一步发展的动力。每个人的需要汇合在一起就形成了人类社会的集体需要，人类社会的集体需要归根结底就是生存、发展、善良、和谐依次提升的过程。

世上任何事物之间是普遍联系的，每一事物都与其他事物休戚相关。宇宙万物息息相通，相互联系，相互作用，相互感应，浑然一体，和谐均衡。万物因相连而存在，相通而变化，一切生物都是自然的产物，一切生物的需要都来自自然，脱离自然谈论任何生物是不可取的，没有意义的。脱离整体谈论个体没有任何意义，脱离整体个体可能会遭到厄运。认识自然和思考自然是人类繁衍进步的必由之路，也是人类提升和发展世界观、人生观、价值观的有效途径。

第二节 ●○ 环境资源利用的启示

地球是人类赖以生存的场所，是人类存在最基础的环境。随着科学技术的发展和社会的进步，人类的居住环境、饮食质量、医疗条件越来越好，人类的健康、寿命保障进一步提高，人口数量急剧上升。那么，地球上可以养活多少人呢？这个问题值得全人类共同关注。

当今人类创造的财富已达到前所未有的高度，对资源过度开发利用已引起了严重的环境问题，众多的“环境事件”给我们敲响了警钟。人类逐渐认识到，追求经济利益最大化已不再是目标，环境的可持续才是全人类的目的。为此，人类对资源的有效利用得到空前的重视。环境资源的“减量化原则（reduce）、再使用原则（reuse）、再循环原则（recycle）、再生原则（regeneration）、拒用原则（rejection）”的提出得到社会的广泛认可，这就是资源“5R”原则。

21 世纪，人类社会的发展方向不是更多地消耗资源，而是更多地关注如何对资源进行高效利用，如何节约、回收和再利用资源。下面通过诠释资源“5R”原则，并将其与经济、“三废”处理、生活和科研相结合，做了一些初步的思考与探索。目的在于抛砖引玉，引发读者对资源“5R”原则多方位的思考，倡导健康、和谐、绿色、环保和可持续的发展理念。

一、资源“5R”原则

1．减量化原则（reduce）

从生产过程的源头开始，实现能源和原料的节俭化、工艺简单化、产品小型化、轻型化和简装化，达到减少“三废”排放的目标。

2．再使用原则（reuse）

产品和包装容器能以初始形式被反复使用，以降低成本和减少废物排放，提高资源的利用率。

3．再循环原则（recycle）

产品完成使用功能后，能重新变成可利用资源，包括原级再循环（废品生产同类产品）和次级再循环（废品转化成其他产品的原料），以节省资源、减少污染、降低成本。

4．再生原则（regeneration）

在有选择的情况下，尽可能选择可再生资源制品。如，生活中选择再生纸纸袋多于塑料袋。因为再生纸是一种可循环利用资源，这是节约资源、能源，减少污染的有效方法之一。

5．拒用原则（rejection）

在物质生产过程中拒绝使用无法替代、无法回收、无法再生和无法重复使用以及污染作用明显的原材料。在日常生活中，拒绝使用非环保的产品，拒绝购买过度包装的物品，拒绝使用稀有野生植物资源，拒绝食用野生动物和购买野生动物毛皮制品。

二、资源“5R”原则对经济的启示

组成人类社会的每一个系统皆为开放体系，其特征是它与环境不断进行物质、能量、信息的交换。从对环境造成的影响来看，这种交换有两种形式：一种是掠夺性的体系，该体系只向环境索取生存的物质和能量，从不考虑对环境造成的影响，只是一味地索取；另一种是可持续体系，该体系在向环境索取物质和能量的同时，与环境不断地进行信息交流，时刻关注体系对环境造成的影响，不断地对环境进行修复、滋养。只索取不治理，是落后的、粗放的、污染的、破坏性的生存方式；既索取也维护，是先进的、科学的、环保的、可持续的生存方式。

经济发展初期，人类常常把生存问题放在首位，抓经济效益，只关注挖掘资源的红利，忽视了环境污染和生态破坏问题。18 世纪末，工业革命开始，西方资本主义原始积累初期的发展方式就是如此。到 20 世纪 60 年代初，地表环境污染达到了高峰（何强等，2000）。全球重大污染事件不断出现，人类逐渐认识到，环境污染如果得不到控制，人类将没有未来。从此，环境污染问题逐渐得到全世界的普遍重视，发达国家首先带头实行节能减排和清洁生产，即通过源头治理、过程治理和末端治理实现绿色经济，不仅保护了环境，而且促进了绿色经济的发展，环境污染的问题有所控制。但是，到了 21 世纪，由于人类对自然环境的严重透支，新的环境问题又出现了，诸如森林锐减、土地沙化、土地侵蚀、极端天气频繁出现，等等。环境的污染治理、生态平衡的保护和环境可持续发展逐渐成为环境科学的重点关注对象，人类今后如何利用资源，如何与自然界相处，成为人类共同关注的科学问题。

人类发展的最终目标不是经济的最大化，而是文明的最大化，就是既要发展经济又要保护环境。单纯地利用资源发展经济，不考虑环境，最终会受到自然的惩罚，人类迟早会为此“买单”。在经济总量恒定的情况下，人类的文明水平与其对环境的开发和利用程度成正比，与对环境的破坏和影响程度成反比。

三、资源“5R”原则对“三废”处理的启示

“三废”是工业生产过程中产生的“废气、废水、废渣”，随着经济的快速发展，“三废”的产量与日俱增，如何处理逐渐成为大家关注的课题。

按照资源“5R”原则，“三废”首先要从产品的生命全过程考虑，在生产初始阶段、生产过程和末端治理三个阶段，通过原料筛选、工艺优选、先进技术优化，将“三废”产生量降到最低，实现减量化（减量化原则）、资源化（再使用和再循环）、节约化（再生原则），特别是原材料的选取中优选绿色环保材料（拒用原则），减少末端废弃物产生的压力。

一日之计在于晨，一年之计在于春。人们的生活工作亦是如此，年轻人要从小树立正确远大的目标，做好人生规划，向榜样学习，吸取他们成功的经验和失败的教训为己所用。在成长过程中要轻装上阵，精益求精，借助现代科学技术提高自己的工作能力、科学素养；不要见异思迁，什么都想学，什么都想要，贪多嚼不烂；技不在于多而在于精。趁年轻，夯实基础，不要“书到用时方恨少”“少壮不努力，老大徒伤悲”。

四、资源“5R”原则对生活的启示

生产 1t 纸需要砍伐 20～30 年树龄的树木大约 20 棵，如果能把废纸回收起来再重新利用，1t 废纸可以生产 0.85t 再生纸，这样可以节约 17 棵大树、90t 水、1.5t 煤、560 度（560kW·h）电，减少 1/3 污水排放量。如果把今天世界上所用办公纸张的一半加以回收利用，可以满足新纸需求量的 3/4，相当于 800 万公顷森林可以免遭砍伐。

人类生活对衣食住行的需求分为必需、便利和奢侈三个层次。必需意味着保障，便利意味着舒适，奢侈意味着浪费。追求奢侈品是人们离开其生命意义的贪婪。它使人们的生活偏离正确方向，浪费大量的人力、物力、财力。如：三口之家，拥有 60 平方米的两室一厅住房是必需的，140 平方米是便利的，而拥有 200 平方米以上是奢侈的，它在资源、能源、空间上都造成了浪费。奢侈的生活空间不仅供暖、空调、照明耗能大，而且卫生清洁、房间

装备也极大地浪费了人力、物力和财力。人们可以追求便利，但绝对不应提倡奢侈。

千百年来，人类驯养了鸡、鸭、牛、羊，已经享受了数不尽的福泽。但有些人还想找一些新鲜刺激的。于是，他们就大肆掠杀野生动物，打破了正常的自然规律，破坏了生态平衡。例如，果子狸是SARS多种病毒传播的中间宿主，它还携带损伤肺部及中枢神经的旋毛虫、斯氏狸殖吸虫等多种体内寄生虫和狂犬病毒；刺猬携带可严重损伤眼睛、皮下组织、大脑和肠道等器官的裂头蚴、芽囊原虫等；野兔携带大量的损伤肠道、肝脏等器官的弓形虫、脑炎原虫、肝毛细线虫、肝片吸虫等；浣熊是狂犬病的自然宿主，它还携带大量的体内寄生虫，诸如蛔虫、钩虫、浣熊贝蛔虫等；野猪携带众多可损伤肠胃和大脑的体内寄生虫，如蛔虫、线虫、人体旋毛虫等；野生蛇携带可能传染人类的蜱虫，损伤眼睛和皮下组织、大脑和内脏器官，可致肠道感染的裂头蚴，幼虫可入眼睛、脑和肝等器官的绦虫；蝙蝠可携带SARS病毒、马尔堡病毒、亨德拉病毒、MERS病毒、尼帕病毒、埃博拉病毒、新型冠状病毒等1000多种，这些病毒对宿主来说影响极低，但是对人类而言，足以致命。人类对大自然的认识不足，如果一味地索取，就会破坏大自然的生态平衡，终将得到大自然的报复。如2002～2003年的SARS非典疫情、2009年的H1N1病毒（猪流感）、2014年的埃博拉疫情和脊髓灰质炎病毒疫情、2016年的寨卡病毒疫情、2019年的新型冠状病毒感染的肺炎疫情，都是活生生的案例。血的教训告诉我们：非常有必要在生活中提倡“拒用原则”，拒绝食用野生动物，拒绝破坏生态平衡。

2019年9月以来，澳大利亚山火肆虐，已造成30多人死亡，超1500座房屋被烧毁，至少5亿动物和鸟类在大火中丧生，首都堪培拉的上空烟雾笼罩，市民纷纷戴起口罩，公共场所关门，大学关闭，街道空荡荡的。曾经的旅游胜地，已成为全球空气质量最差的城市。在澳大利亚小的火灾时常交替发生，它是当地植物群落赖以繁殖的一种方式，是澳大利亚生态演替的重要动力。对一些桉树和斑克木来说，大火可以使植物种子开裂，从而得以生根发芽，促进新的植被生成，一些其他物种也能够很快从大火造成的损失中恢复过来。然而，由于人们对自然规律认识的不足和思想意识的麻痹大意，零星山火变成了一场失控的火灾。更糟糕的是，因为山火失去生活家园的60多万只蝙蝠被迫迁移，失去栖息地的它们或逗留在天空，或进入人类生活区；成群的蝙蝠找不到食物，体力不支的蝙蝠在城市中死去，尸体堆积腐烂，蝙蝠身上又带有大量的致命病毒，这些病毒如此近距离地与人类“接触”，给人类健康埋下了巨大的隐患。

就像电影《流浪地球》中所说："起初，没有人在意这场灾难，这不过就是一场山火，一次旱灾，一个物种的灭绝，一座城市的消失。直到这场灾难变得和每个人息息相关。"

人类对自然规律的漠视，对资源的贪婪开发和攫取以及在自然灾难面前的傲慢，比无知更可怕。澳大利亚的山火未灭，东非的蝗虫正在向人类发起挑战。气候变化引起蝗虫肆虐，所到之处，植被和农作物毫无招架之力。蝗虫每天能飞行 90 英里（1 英里 = 1.609km）以上，已经吃光了数千英里的作物。东非人民本来就粮食匮乏，很多人在吃饭这事上朝不保夕，蝗虫还要"落井下石"。不要小看蝗虫群，它们具有强大的生存能力和繁殖能力。联合国曾发出警告，如果蝗虫疫情得不到控制，这些蝗虫在几周后将到达非洲和亚洲的 30 多个国家。

人类应该有自知之明，在大自然面前人类非常渺小。大量的事实证明，大自然对人类的惩罚从未停歇，但总有人好了伤疤就忘了疼，学不会吃一堑长一智，总是在危险逼近的时候，才知悔过。

2019 年底暴发的席卷全世界的新型冠状病毒感染的肺炎疫情，短短的一年多，将数十亿人圈进钢筋水泥的房子里。根据中国新闻网 2021 年 2 月 21 日报道：世界卫生组织 20 日公布的最新数据显示，截至欧洲中部时间 20 日 14 时 51 分（北京时间 21 时 51 分），全球新冠肺炎确诊病例达到 110384747 例；死亡病例达到 2446008 例。（中国新闻网，2021-02-21）

一串串冰冷的数字背后，是人类道不尽的聚散离合。钟南山院士告诉我们，这次病毒极大可能是通过野生动物传染到人身上，已确定会人传人。野生动物原本在森林、山洞、湖泊、河海生活，却被抓进了笼子，走进了城市，搬进了市场，端上了饭桌。2003 年"非典"的惨痛教训，还没有让人们明白"和野生动物和谐相处各自安好"的道理。

正值抗击新型冠状病毒感染肺炎的关键时刻，还有人在贩卖野生动物。据报道，2020 年 1 月 28 日，国内某省一家野生动物经销店仍在经营，店内存有大量的野生动物，被查封后，野生动物尸体被无害化处理，活体被放生。1 月 30 日，政府职能部门又查获一家非法经营的野味窝点，缴获 300 多只野生动物的尸体。

人类和自然的相处，和野生动物的相处，需要一颗敬畏之心。在与自然界相处的过程中，即便暂时占有优势，也不能为所欲为。残酷的现实告诉我们，灾难也存在蝴蝶效应，旁观者也许有一天会变成灾难的局中人、受害者。

人类爱护地球、爱护自然、敬畏自然、尊重自然、维护大自然的生态平衡，其实最终保护的是我们自己。

五、资源“5R”原则对科研的启示

资源“5R”原则同样适用于科学研究，科研也应提倡绿色，遵循资源“5R”原则。

1. 减量化原则

化学实验的发展趋势是小型化、微型化、精细化。以最小的成本，获得所需的科研结果。科研活动要讲精准、讲效率、讲节俭、讲经济。科学研究不应做无谓的牺牲，古语曰：“百战百胜，非善之善者也，不战而屈人之兵，善之善者也”。在科研管理中，要严肃认真，不能人浮于事；要认真对待每一次科学实验，不做无谓的重复；要科学、严谨、准确，不盲目无序浪费。

2. 再使用原则

科学研究中，基础耗材提倡使用玻璃、陶瓷等可重复使用的耗材，尽量减少使用一次性的塑料制品或其他有机制品耗材。科学研究发表论文不是目的，论文只有被大量引用，才能体现它的科学价值和社会价值。论文的引用率越高，就意味着其再使用价值越大。另外，对科学研究中的重要文献要反复研读，温故才能知新。这也从另一个角度表明，科研论文的引用率越高（再使用性越强），越能彰显其科学价值。

3. 再循环原则

科学实验所用的材料、设备等要注重再循环的原则。化学中的综合循环实验就是再循环原则的范例。上一个实验的产物作为下一个实验的原料，以此类推实现再循环。如何设计本科生的基础实验符合再循环的原则，是实验教学改革的一个重要任务。另外，化学废弃溶剂的重蒸利用，变旧为新，变废为宝，也是再循环原则的应用。物质再循环的同时，知识的系统性和综合性也得到了强化。如何在科学实验中统筹安排、整体规划、科学利用资源，是项目实施过程中的一项新课题。

4. 再生原则

众所周知，地球的资源为全人类所有，在满足当代发展的同时，更要考虑子孙后代的长远发展。资源的开发和利用，要有长远可持续发展的观念。化学领域中的离子交换树脂、吸附剂等的活化和脱附等就是再生原则的具体应用。科学研究中尽可能使用再生资源制品，既利于环境的保护和资源的节约，又培养了科学、节约、环保的理念，不仅培养了科学素养还培养了人文素养。

5．拒用原则

在进行科学实验设计时，要尽量做到绿色环保。树立绿色实验、绿色工艺等理念，要拒用或少用有毒、有害的试剂，更不要使用对环境和人类健康有害的材料。另外，科学研究要实事求是，不能好高骛远，不能浮躁；拒绝数据造假、论文造假，更要拒绝使用假数据、假论文。注重学术道德，讲求学术研究的科学、公开、公平、正义，不触犯道德和法律底线。

总之，提倡资源“5R”原则，不仅会促使我们的生存环境得到改善，而且会使我们的心灵得到净化。利用资源“5R”原则指导我们的社会经济、“三废”处理和利用、科学研究、日常生活，并不需要我们付出任何代价，也不会降低我们的生活品质。恰恰相反，它会保证我们的生活质量，提高我们的道德修养，体现我们的文明涵养。

保护环境是我国的一项基本国策，是实现可持续发展战略的重要途径。党的十八大提出将生态文明建设与经济建设、政治建设、文化建设、社会建设并列，形成建设中国特色社会主义“五位一体”的总体布局。党的十九大又将生态文明写入宪法，并给出了人民日益增长的美好生活需要和不平衡不充分的发展之间的矛盾是现阶段我国社会的主要矛盾的重大政治论断，更提出建设“美丽中国”是中华民族新的奋斗目标。可见，国家推进生态文明建设、实施环境保护决心之大、力度之大前所未有，向污染宣战，建设美丽中国，国家在行动，人民在行动。为此，我们要坚持资源“5R”原则，为建设“美丽中国”贡献一份力量!

人类越文明，就越要重视精神财富。精神财富是永恒的、公开的、无形的、幸福的；物质财富是暂时的、隐蔽的、有形的、负担的。拥有丰富的精神财富是享受，是富有，应无限追求；占用过剩的物质财富是奢侈，是浪费，应有限追求。追求精神财富最大化是万古流芳、受人敬仰的圣贤思维；追求物质财富最大化是庸俗的凡愚思想。我们消费或使用物质时，要精打细算，适可而止。不够使用是痛苦，过剩浪费是罪恶。精神生活充实的人，只做物质的主人而不做物质的奴隶。

第三节 ●○ 抗生素滥用的思考

抗生素是由微生物（包括细菌、真菌、放线菌属）或高等动植物在生活过程中所产生的具有抗病原体或其他活性的一类次级代谢产物，是能干扰其他生活细胞发育功能的化学物质。抗生素是有效抵抗致病微生物的药物。在无抗生素的时代，人类饱受细菌感染的威胁和折磨。1932 年，德国化学工业巨头克拉尔和细菌学家兼药物学家多马克合成了一种鲜艳的橙色染料，并在老鼠身上尝试杀灭链球菌并取得成功，标志着抗生素时代的开始。抗生素的发现，使人类获得了征服细菌感染的有力武器，人类感染细菌的发病率和死亡率显著下降。然而，随着人类对抗生素依赖性的增加，抗生素的广泛使用和滥用现象日益加重，导致大量的细菌逐渐产生了耐药性，甚至出现超级细菌。细菌耐药性的产生和超级细菌的出现，已经成为全球医疗健康、公共卫生和食品安全领域的严峻问题。20 世纪末，世界卫生组织发布了《遏制抗菌药物耐药的全球战略》。2011 年 4 月 7 日，世界卫生日的主题是“抵御抗药性：今天不采取行动，明天就无药可用”。

一、抗生素滥用和细菌耐药性的关系

抗生素是微生物分泌的化学物质，对致病微生物生长繁殖有抑制作用。1928 年英国细菌学家弗莱明从青霉菌中提取出了青霉素，1940 年人们终于获得了大规模生产青霉素的化学合成方法，开创了化学治疗细菌感染的新纪元。随后，链霉素、土霉素、四环素等相继问世，在治疗感染性疾病方面发挥了重要作用。然而，随着抗生素的广泛推广，抗生素被滥用的现象日益严重。

中国是抗生素制造、消费和出口大国。2010 年，我国抗生素产量达 21 万吨，约 8 万吨用于临床，平均每人使用 138g，为世界人均年用量的 10 倍以上；用作动物生长促进剂或治疗的约 10 万吨，还有 3 万吨左右供出口。在 2011 年以前，我国门诊感冒患者约有 75%应用抗生素，住院患者的抗生素应用率为 74%，这一数字远高于 30%的世界平均水平。现实情况是，真正需要使用抗生素的患者不到 20%，近 80%的病患是预防性使用抗生素，这是典型的抗生素滥用。自 2011 年开始，我国对滥用抗生素加以整治，抗生素的滥用得到了明显改善。虽然调查显示，2013 年中国抗生素总使用量已经降为 16.2 万吨，但其中还有 48%为人用抗生素，其余为兽用抗生素。到目前为止，中国仍是世界上滥用抗生素最为严重的国家之一。

抗生素滥用表现在三个方面：第一，临床治理中普遍存在抗生素使用率太高、不合理联合用药、盲目首选价格昂贵和最新的广谱抗生素等不当用药的现象。第二，我国每年有一多半的抗生素用于养殖业，不仅包括猪、牛、羊等畜类和鸡、鸭、鹅等禽类，还包括鱼、虾、蟹等水产，抗生素残留严重影响了食品安全。第三，人们常常误认为抗生素是万能“消炎药”，只要感冒、头疼脑热等，先服抗生素。其实，一般的感冒发热多数为病毒性感染，而抗生素对病毒没有任何疗效。

抗生素滥用导致大量的细菌产生耐药性，细菌耐药性是细菌产生了对抗生素不敏感的现象。抗生素的不合理使用，使细菌在与抗生素的斗争中本能地和必然地对抗生素产生耐药性。耐药性细菌通过产生灭活酶、改变抗菌药物作用靶位、改变细菌外膜通透性等方式使抗生素的活性减弱，甚至完全失活。长期滥用抗生素，占多数的敏感菌株不断被杀灭，少数耐药菌株大量繁殖，使细菌对抗生素的耐药率不断升高。细菌耐药基因在长期进化和自发突变过程中，产生适应这种变化的突变株，甚至形成超级细菌，人类在超级细菌面前毫无对策。然而，人们为了增强耐药细菌的敏感性，不断开发新的抗生素。同时，细菌也开始了新一轮的耐药性对抗，使抗生素与细菌耐药形成相生相克的局面。这种杀灭与对抗杀灭的斗争将永远存在下去，人类永远无法将其彻底消除。因此，人类需要认真思考如何科学使用抗生素的问题。一方面，人们要采取积极行动限制抗生素滥用。另一方面，人们要考虑如何避免新的耐药细菌出现和控制细菌耐药性的发展，研发一些不易产生或少产生耐药性的、高效的抗生素替代品，如化学益生素、微生态制剂、微生态培养物等。

抗生素是把双刃剑，它既可治病，也可致病。如果用药合理，则可以充分发挥药物的正面作用，防止或减轻药物对机体的负面作用。如果药物无指征随意使用、用量过大、用药过久或者机体对药物敏感性增高时，药物也就成了有害的毒物。超级细菌的出现就是人类滥用抗生素的极端表现，它将使人类陷入无药可用的危险境地。

二、抗生素滥用的结果

1. 对人的危害

① 细菌耐药（resistance to drug）：细菌耐药性不仅使抗生素的疗效降低、药物剂量增大、疗程延长、复发率升高等，而且还会引起并发症，导致死亡率升高。值得一提的是，细菌不仅产生耐药性的速度远远快于人类新药开发的速度，甚至还可能发生基因突变，产生超级细菌。超级细菌将会使全人类面临无药可用的境地，人类有可能又回到了没有抗生素的时代，人类就会进入所谓的“后抗生素时代”。

② 不良反应（adverse reaction）：抗生素在杀菌的同时，也会产生不良反应，

对人体造成损害。如氯霉素可引起人肝脏和骨髓造血机能的损害，导致再生障碍性贫血和血小板减少、粒状白细胞减少症、肝损伤等。庆大霉素、卡那霉素可引起听神经损害，引起耳鸣、耳聋等。我国不良反应监测中心记录显示，抗生素不良反应病例报告数占了中西药不良反应总数的 50%。

③ 二重感染（superinfection）：在正常情况下，人体的口腔、呼吸道、肠道存在多种细菌，它们在相互协同或拮抗作用下维持着人体生态平衡和内环境的稳定。如果长期使用广谱抗菌药物，将打破上述平衡，导致体内敏感菌被杀灭，耐药致病菌乘机繁殖生长，使机体遭受更严重的细菌感染。

④ 威胁食品安全：根据 2015 年 3 月 30 日中国科学报报道，每年全球约有 6.3 万吨抗生素喂给鸡、猪和牛。到 2030 年，这一数据将上升 67%，增至 10.6 万吨。喂给牲畜的抗生素促进了同人类感染密切相关的耐抗生素细菌的进化。一旦抗药细菌出现，便会扩散到全球。随着人们生活水平的提高，肉和奶制品的消耗同步上升，问题将愈加严重。在养殖业中滥用抗生素，将加速耐药细菌的出现，而更严重的是肉、禽、蛋、奶等食品中抗生素残留，会对人类健康产生潜在的威胁。长期食用含有抗生素的食品，会使人出现过敏反应、耳毒性、骨髓造血系统损害以及遗传毒性等。养殖业中动物的耐药性经食物链传给了人类，使人的耐药性也会不知不觉增强，免疫力下降，一旦患病，很可能就无药可治。目前，肺炎仍是婴幼儿死亡的首要原因，儿童肺炎链球菌的耐药率远远高于成人，除了临床抗生素的滥用外，环境和食品中抗生素的污染也是不能忽视的因素。

2. 对生态环境的危害

抗生素药物进入人和动物机体内，多数不能被完全代谢，而是以原型和活性代谢产物的形式通过动物的粪便和尿液排入生态环境。绝大多数抗生素排入环境以后，仍然具有活性，会对土壤微生物、水生生物及昆虫等造成极大的负面影响。

① 对土壤微生物的危害：如果将含有抗生素的粪尿直接用作肥料进入土壤环境后，可使土壤微生物区系发生变化，影响土壤生物的存活力、群落结构、代谢功能、种群数量等。研究表明，每千克土壤中含 1mg 的四环素或 125mg 阿维菌素时，对土壤微生物的种群数量和细菌、真菌、放线菌的生长速度具有明显的抑制作用，严重影响土壤微生物的生态平衡。

② 对水环境的危害：2014 年 12 月 25 日，央视新闻频道曝光山东某医药公司大量偷排的污水中，抗生素的浓度超自然水体 10000 倍；而南京的自来水里甚至能检出阿莫西林。抗生素对环境的影响重点在水环境，大量的土壤中残

留的抗生素及其代谢产物在土壤中吸收系数很低，它们最终通过地表水或地下水迁移到水环境。同时，水产养殖业中投放到水中的抗生素仅有 20%为生物所利用，未被食用及食用后的排泄物长期存在于水体中。这些残留的抗生素不仅影响水体质量，而且对水生物种群有不良作用，水体中的抗生素残留又将会通过鱼类等水（海）产品进入人体。

三、抗生素的分子结构及抑菌机制

目前，抗生素种类繁多，按化学结构可分为五类，它们对细菌的作用机制如下。

1．*β*-内酰胺类抗生素

β-内酰胺类抗生素是具有 *β*-内酰胺环的天然和人工合成化合物。抑菌机理是 *β*-内酰胺开环与细菌的结合蛋白发生酰化反应，抑制细菌细胞壁的合成和细菌生长。该抗生素具有杀菌活性强、毒性低、抗菌范围广、不良反应较低、临床疗效好、应用范围广的优点，代表药物为青霉素类和头孢菌素类。

2．氨基糖苷类抗生素

氨基糖苷类抗生素是一类由氨基糖与氨基环己醇通过氧桥连接而成的水溶性较强的碱性抗生素，其抗菌机制主要是抑制细菌蛋白质的合成，其作用点在细胞 30S 核糖体亚单位的 16SrRNA 解码区的 A 部位，代表药物是链霉素和庆大霉素。此类抗生素以原型由肾脏排泄，并可通过细胞膜吞饮作用使药物大量蓄积在肾皮质，引起肾毒性。此外，还可引发耳毒性等不良反应。

3．大环内酯类抗生素

大环内酯类抗生素分子中含有一个十四元或十六元大环内酯结构，可作用于细菌核糖体 50S 亚基，抑制移位酶的活性，阻碍肽链的延长和蛋白质的合成。代表药物是罗红霉素和阿奇霉素，对革兰氏阳性菌抑制活性较高，长期大量使用易引起肝损害。

4．四环素类抗生素

四环素类抗生素是由放线菌产生的一类广谱抗生素，为四并苯衍生物，具有十二氢化并四苯基本结构，均有共同的A、B、C、D四个环的母核，仅在5、6、7位上有不同的取代基。这类药物与细菌核糖体30S亚基结合，阻止氨酰基tRNA同核蛋白体结合，通过抑制核糖体蛋白质的合成来抑制细菌生长。如土霉素、四环素和甲烯土霉素，大量使用四环素类抗生素会造成肝脏损害，还会影响儿童牙齿和骨骼的发育。

5. 氯霉素类抗生素

氯霉素类抗生素分子中含有对硝基苯基、丙二醇与二氯乙酰胺三种结构，其抗菌活性源于分子结构中的丙二醇。丙二醇能作用于细菌核糖体50S亚基，阻止蛋白质的合成。该抗生素属抑菌性广谱抗生素，常用的有氯霉素、甲砜霉素等，是我国畜禽疾病防治的重要药物，但在动物组织中的残留严重影响食品安全，给人类健康带来较大威胁。

四、减少抗生素滥用的建议

(1) 倡议医生、药剂师、药品生产商和销售商等专业人士以及广大民众立即行动起来，转变错误的用药观念，纠正错误的用药行为，摒弃错误的用药习惯，切实减少抗生素药物的不合理使用。

(2) 加强抗生素用药监控和监管，建立细菌耐药性监测网络，必要时采取立法形式来规范抗生素的使用。特别要严格规定用于食用动物的抗生素的使用要求，加强养殖业抗生素管理和残留检测，减少畜禽产品中的抗生素残留。

(3) 研发不易产生或少产生耐药性的、高效的抗生素替代品。加强对抗生素环境调查和环境生态风险性评估，开展耐药菌监测工作，防止耐药菌的传播。

总之，我们要认识到，细菌出现耐药性是抗生素使用后迟早发生的自然现象，而人类一些不合理的行为却加快了这一自然现象的出现。抗生素的耐药性问题在20世纪便已被提及，但由于人们对其危害的认识还很不够，一直未采取切实有效的措施来减少抗生素滥用和减缓细菌耐药性的产生，致使其危害越来越大。超级细菌的出现，使解决抗生素滥用问题迫在眉睫。英国科学家的一个耐药性报告指出，如果全球的耐药性再这样发展下去，到2050年，全球每年将有1000万人因为耐药性而死亡，每年经济损失在100万亿美元左右。所以，我们必须集中精力把抗生素的使用、管理、监测提高到一个新的高度，科学合理有效地抵御抗生素的耐药性，防止超级细菌的产生，保护人类健康以及人类与自然和谐平衡的生态环境。

现实启示我们：世间万事万物皆有度，如若过度，将适得其反。人类社会的进步与发展有其内在的必然规律，人与自然存在物质、能量交换的某种平衡，这种平衡一旦被打破，必将受到自然的惩罚，在新的平衡未建立之前，人类将为此一直买单。

在大自然面前，人类永远是渺小的，人类对自然界的认识还知之甚少。我们要尊重自然，顺应自然，按自然规律办事，方能与自然和谐相处。

第四节 ●○ 农药滥用的思考

农药是指用于预防、消灭或控制危害农业、林业的病虫草鼠害和其他有害生物，以及有目的地调节、控制、影响植物与有害生物代谢、生长、发育、繁殖过程的化学合成物，或者来源于生物、其他天然产物及应用生物技术生产的药物及其制剂。农药由于具有高效、快速、经济、简便等特点，已成为重要的农业生产资料，是目前防治病虫草鼠害的主要手段。

一、农药在人类社会发展中的作用

19 世纪 40 年代，农药研究取得了突破性进展，特别是有机合成农药进入快速发展期。滴滴涕在瑞士诞生、有机磷在德国推出、氨基甲酸酯类除草剂在英国发现，农药大量生产使用的格局初步形成。

我国是一个 14 亿人口的农业大国，耕地面积仅为 20.25 亿亩（2016 中国国土资源公报数据），占全世界耕地面积的 7%，但是经过全国人民几十年的不懈努力，我们不仅养活了占世界 22%的人口，而且还使人民生活达到小康水平。面对人民不断提高的物质文化生活水平的需要，我们必须大力发展农业，提高单位面积产量，满足人们对粮食的需求。提高农业单位面积的产量，相关因素是多方面的，但农药是一个主要因素。每年在我国发生的农业经济作物主要病虫草鼠害有 1648 种，其中害虫 838 种，病害 724 种，杂草 64 种，农田鼠害 22 种。它们每年造成的损失占农作物产量的 15%～30%左右。据联合国粮农组织估计，世界粮食生产常年因虫害、病害、草害、鼠害损失分别为 14%、10%、11%、20%；棉花常年因虫害、病害、草害损失分别与此类似。20 世纪 90 年代以来，随着全球气候变暖，城市化进程加快，旅游和贸易增加，生态环境改变，病虫草鼠害等的生物种类、密度和分布等不断发生变化，其危害越来越严重。由于全球性气候反常，全球进入新一轮自然灾害频发期，我国农作物病虫草鼠害出现了较为明显的高峰期。

由于使用了农药，我国每年挽回的损失大约可以解决 1 亿人的吃饭、穿衣问题，为我国解决温饱问题发挥了重要作用。随着科技的发展，用于防治病虫草鼠害的新技术、新药物不断涌现，例如生物防治、抗虫基因导入、绿色农业、有机农业、转基因技术等不使用农药的方法，但没有一种可以完全取代农药。20 世纪有些发达国家尝试不使用农药，完全依靠自然调控措施来种植农作物，结果损失惨重。所以，就目前来看，农药在农业生产中的作用是巨大的，是农作物病虫草鼠害最有效和不可替代的防治方法，可以说在今后相当长的一段时间内，农药仍将是防治农作物病虫草鼠害的重要手段。

现代科技日新月异、高速发展，科技改变了人类的生活，促进了人类社会的进步，是保护人类最坚固的盾牌；只有科技不断发展，人类的生活才会更美好。同时，科技也是一把双刃剑，因为任何事物都具有两面性，它既能造福人类，也可能对人类的生存和发展带来消极后果。

二、农药残留与食品安全

根据农药残留的特性，残留一般分为三种：①植物残留性农药，如六六六、异狄氏剂等；②土壤残留性农药，如艾氏剂、狄氏剂等；③水体残留性农药，如异狄氏剂等。无论哪种残留，它们的残存只有两种形式：一种是保持原来化学结构的残存；另一种是以其化学转化产物或生物降解产物的形式残存。

随着人民生活水平的提高，农业的产业结构也在调整，蔬菜水果的种植面积不断加大，其病虫害的种类、数量也在上升。由于许多菜农、果农对农药认识有限，再加上急功近利、追求利益最大化的思想作祟，农药滥用的现象比较突出，其后果是蔬菜水果产品中的农药残留超标现象严重。

粮食、蔬菜、水果的农药残留严重污染了食物，严重威胁人体的健康。比如，有机氯农药在人体内代谢速度很慢，累积时间长，危害是长期的。由于农药残留对人和生物危害很大，国家对农药的施用都进行了严格的管理，并对食品中农药残留容许量作了详细规定。

根据国家质检部门调查数据显示，蔬果类农产品的化学农药残留超标问题相当严重，国家明令禁止使用的甲胺磷、氧化乐果等高毒农药的检出率依然很高。

农产品农药残留量增加，严重影响着人体健康和出口贸易。如果人、畜食用含有大量高毒、剧毒农药残留的食物，会引起急性中毒事故；若人们长期食用高残毒的蔬果，有毒有害物质就可能在人体内长期积累，会引起慢性中毒，甚至导致人体内细胞发生癌变、畸形和突变，更有可能影响下一代的健康，严重的将会危及人的生命。

据调查机构对我国中部某农业大省采集的数据显示，90%以上的菜农、果农在选择农药时首先关注的是病虫害的防治效果；70%以上的农户不懂得蔬菜、瓜果等农药残留超标对人体健康的危害性；85%以上的农户使用农药时没有安全防护意识；80%的农户将用过的农药包装物和剩余农药随意丢弃。

尽管国家严格禁止在蔬菜等农产品上使用高毒、剧毒农药，然而市场上出售的一些高毒农药，价格便宜，杀虫效果又好，自然就成为农民的首选农药。部分个体农户为了快速获得经济效益，大量使用农药，而不科学合理地使用，将造成农田生态系统失衡、病虫的抗药性增强和农产品农药残留超标等严重后果，致使农产品品质不好、产量下降。

农药在提高粮食、蔬菜、水果等农产品产量上起到了相当大的作用，为解决温饱问题、进入小康社会做出了很大的贡献。但是，急功近利、知识缺乏造成了严重的食品安全问题，长远来看，其后果是得不偿失。

事实告诉我们：对待任何事物要辩证地思考。科学技术给人类带来很多福利，但也会有一定的危害。我们要合理利用科学技术，正确地趋利避害；过分依赖科学技术，一味地索取，迟早要受到大自然的惩罚。

三、农药残留与环境污染

我国是农业大国，对于粮食的产量历来重视。20 世纪中后期，农业产量迅速提高，大多是依靠大量施用化肥和农药来增加的。农药既可防治病虫、除草害，又可在保障和提高作物产量中起到重要的作用，这是农药的功；随之而来的是滥用农药导致粮食、蔬果的农残超标、土壤和水环境的严重污染，农残超标对人类环境的影响不容小觑。

回顾我国农业发展的历程会发现，在相当长的一段时间内，我国农业是以牺牲环境为代价的。人们通过过量地使用化肥、喷洒农药来达到增产目的，再加上环境保护意识淡薄，大量的农药包装、农药残余随意丢弃，直接造成了土壤的污染。土壤中的污染物最终通过地表径流进入水体，导致河、湖、地下水水体的污染。这些污染随着时间的推移，有愈演愈烈的趋势，给人类赖以生存的水环境带来极大的威胁。

农药的污染已经构成生态环境污染的第二大因素。它破坏了生态平衡，给水资源和土壤环境都带来严重的污染，这与我国可持续发展战略是相悖的。

任何事物都是发展变化的。因此，我们要用动态的、长远的、全局的眼光看待问题。比如：某一地区的人们为了自己获得增产、高产，大量使用农药、化肥，导致水体污染。水体污染有可能导致下游地区饮用水、水产品、农产品的污染，给下游地区居民带来危害。地球是圆的，物质是循环的。也许有一天，下游地区被污染的食品会到达上游居民的餐桌。只有我们每个人都树立保护环境、科学安全使用农药的观念，大家都行动起来，人人拒绝滥用农药，人人维护环境安全，我们才能实现环保、绿色、健康地发展，营造出“青山绿水”的大美家园。这恰恰也是当今我们面临的最大问题，其实，本质的问题还在于，如何全面提高国民的科学素养？如何全面普及环境保护的意识？

四、农药残留的防与治

世界各国都存在着程度不同的农药残留问题。农药残留不仅会导致食品安全、人类健康等问题，而且还会影响农业可持续发展、生态平衡、世界贸易等等，控制农药残留的意义重大。

1．源头控制

加强药企生产监管和市场监管，杜绝高毒高残留农药生产和流入市场。国家积极引导低毒、低残留农药的研发与生产，特别是鼓励绿色、生态农业的发展。

2．过程管理

加强农药知识的普及与科学指导及培训；加强环境保护意识的提高；优先选用抗病虫品种，合理轮作，减少土壤病虫积累；采用种子消毒和土壤消毒，通过灯诱、味诱等物理方法，诱杀害虫；推广生物防治技术，充分利用田间天敌控制害虫。

3．末端控制

加强农产品市场准入监管和检验管理力度，杜绝农药残留超标的产品进入市场，鼓励绿色农产品优先进入市场；建立农产品源头追踪制度，实现全过程监管；培养农民树立公民道德观；积极推广生物降解农药残留技术，把好农产品入口最后一道关。

民以食为天，食以安为先。粮食农药残留问题归根结底就是人类社会自身的发展问题。随着消费者对食品安全的日益重视，理性面对、积极应对是明智选择。在农业科学技术高速发展的今天，我们可以探索利用虫害的天敌来形成天然生物链的物种相克办法，来实施农作物的病虫害防治，也可利用现代化的除草机械以及人力进行灭杀。如果能有效地实施，人类的餐桌上将再也不会出现食品中农药的残留成分，人体的亚健康期状态或不明原因的疾病将会大大减少。人类社会的科学化管理与农作物农药大量的残留有着很大的相关性。如何利用现代化的科学手段来发展绿色生态农业，是最为根本性的问题。通过全人类的努力，农药残留最终将会成为历史。

任何事物都具有两面性，农药是一种有毒物质，合理使用可以有效帮助农林渔业增产增收，不当使用会产生严重的负面影响。我们既不能因为农药的负面影响而否定农药，也不能过分依赖农药而过量使用，要客观、科学、公正、辩证地评价农药的功过，学会科学用药，扬其利、避其害。

实践告诉我们:

(1) 做事要尊重科学规律，超越规律是要付出代价的。农药的使用国家给出了范围，超范围使用，或者不起作用，或者污染食品；不起作用，还得继续投资；污染食品，不仅给消费者带来危害，而且污染环境，国家和个人都将付出巨大的代价。

(2) 做事要有长远眼光，不能只顾眼前，失去未来。急功近利者，虽然取得了农产品数量上的优势，但是农产品农药残留升高，产品品质下降，同样是顾此失彼，得不偿失。

(3) 做事要顾全大局，不能只看小我。农业病虫害的治理是区域性的，不是一家一户的事情。要结合周围的环境条件共同治理、合理用药，才能取得事半功倍的效果。在工作和生活中也是如此，要善于合作，顺势而为，才能有更多的机会实现理想。

(4) 要尊重自然，爱护环境，保护生态平衡。我们必须按照中国特色社会主义事业“五位一体”的总体布局，推进生态文明建设，积极发展生态农业，提高农民的经济效益，构建绿色健康的自然生态环境。

第三章

环境与动物

生物的进化离不开环境的演变。地球的年龄约为46亿年，早期的地球是一个炽热的球体，没有任何生命。随着地球表面温度的降低，频繁的火山爆发，形成了多种碳氢化合物，逐渐在地球的原始大气中出现大量的还原性成分，如：氨（NH_3）、甲烷（CH_4）、氰化氢（HCN）、硫化氢（H_2S）、二氧化碳（CO_2）、氢（H_2）和水（H_2O）等，此时的大气中没有游离的氧气，更没有臭氧层，太阳的紫外线可以直射地面，为小分子合成有机物提供了能量。同时，大气中的水蒸气凝集成水降落到地壳表面，地壳表面中的一些可溶物被溶解在水中，在宇宙射线、紫外线、闪电、高温的作用下，可自然合成一些小分子化合物，如：氨基酸、核苷酸、单糖、脂肪酸等，这些物质在水流的作用下，汇集到原始海洋中，使海水成为富含有机物的液体，为原始细胞的诞生创造了客观的物质环境条件。生命起源于海洋的说法也是与此有关。

随着环境的演变，大约在35亿年前地球上出现了原核生物；20亿年前，出现了大量的真核生物；真核生物的出现，标志着生命细胞结构的完善，现代生命都是从真核生物出现的原点辐射进化而来。5.7亿~4.05亿年前，无脊椎动物出现并盛行；4亿年前到现在，地球动物进入脊椎动物时代。脊椎动物的发展一般认为可以划分为五个阶段：鱼类、两栖类、爬行类、鸟类和哺乳类。

第一节 ●○ 鱼类的启示

鱼（*piscium*），脊索动物门，软骨鱼纲和硬骨鱼纲，是世界上最古老的脊椎动物，分布于全世界的水域中。鱼与人类有共同的起源，人的胚胎在早期发育阶段也有过鳃裂。用生物进化论解释，就是人类和鱼类一样，起源于水中。人类的远祖也曾有过水中呼吸的腮。在长期的进化过程中，鳃逐渐退化了，但仍在胚胎早期发育阶段留下鳃的痕迹。鱼与人类不仅起源关系密切，也是人类日常生活中极为重要的食品与观赏宠物。鱼有许多特性，如身体多呈流线型，柔软光滑，善于探查各个方向，遇到障碍能够绕道而行等。自然界中不同生境下有不同种类的鱼，同样，在同一生境下也有不同种类的鱼在一起生活。然而，无论是何种情况，每种鱼都有其独特的生存方式。这些特殊的生存方式都是鱼千万年自然进化的结果，值得我们研究和学习，会给我们如何与自然打交道提供或多或少的启示。

一、不同生境下的鱼

鱼缸中的鱼：生活范围很小，每天只能穿梭在狭窄的人工水草中，没有自由而广阔的空间，没有活着的追求和目标。它们活着只是为了让别人观赏，不知道生活的意义。

池塘中的鱼：虽然生活空间大了些，自由程度高了些，同样还是被人饲养，过着没有天敌和惊涛骇浪威胁的生活。然而，命运却不在自己手中，终究有一天会被一网打尽，成为别人的口食之物。

大海中的鱼：没有约束，自由度很高。它们拥有绝对的自由，但自由中充满了风险，到处都有天敌、挑战和死亡的威胁。这类鱼的生活拥有绝对的自由和追求，但也充满了风险与挑战。然而，即使它们在风险与挑战中失去了生命，死亡也是有价值的，因为它们真正体验过了生活。生活就是如此，没有经历风雨，就不会知道它的意义，只有经过奋斗，才能真正懂得生活的价值。

人生也是如此。第一种情况，这些人就像鱼缸中的鱼，如奴隶社会的奴隶，他们缺自由、缺思想、缺追求，更谈不上希望；他们活着只是为别人。第二种情况，这些人像池塘中的鱼，虽然有自己的思想，但是工作中的自由和自主成分很少，所做的工作多是重复性的简单劳动，多在为他人做嫁妆；希望和未来很渺茫。第三种情况，这种人就像大海中的鱼，如自由创业型，这类人的命运掌握在自己手里，有自由、有自主、有追求、有希望，虽然他们的人生充满了挑战和风险，但是他们的人生轰轰烈烈，活得精彩，活得潇洒。微软总裁比尔·盖茨和苹果公司联合创办人史蒂夫·乔布斯是这类人的光辉榜样，他们自由创业的成功经验值得我们借鉴和学习。

职业是人类谋生的手段，事业是人类追求的理想。在人生中，职业和事业都是重要的，职业关系到生存，事业关系到生存的意义。一种情况是无职业的束缚，可以自由地追求自己所热爱的事业。还有一种是职业和事业一致，即谋生与自我实现相统一，谋生的同时还能实现自己的理想。然而，大多数情况是二者分离，工作只是为了谋生，业余才能做自己喜欢的事。最糟糕的情况是，只有职业没有事业，所有的时间用于谋生，根本谈不上做自己喜欢的事。职业和事业能否结合，在一定程度上要靠机遇。然而，一个人只要有自己真正的志趣，并坚持不懈地努力，终归会有许多机会向这个目标接近。

总之，人生的希望和幸福更多地寓于风险和挑战之中，那些不想吃苦、不想挑战、只愿享受的人，终究不会明白生活的价值和意义，也不会在历史的长河中留下任何痕迹。

二、不同种类的鱼

1. 大马哈鱼

大马哈鱼，鲑科太平洋鲑属（大马哈鱼属）肉食性鱼类，属于冷水性溯河产卵洄游鱼类，体长可达 100cm（石琼等，2015）。大马哈鱼肉味鲜美，含有极为丰富的磷酸盐、钙质、维生素 A 和维生素 D，是名贵的大型经济鱼类，鱼籽是闻名于国际市场且极其珍贵的“红鱼籽”。

大马哈鱼幼鱼在海洋里生活 3～5 年，一般 4 龄左右达到性成熟，成熟后回江河产卵。幼鱼以捕食底栖生物和水生昆虫为主，成鱼主要以玉筋鱼和鲱等小型鱼类为食。生活在太平洋的大马哈鱼一生只产卵一次，产卵量为 3000～5000 粒，产卵后便死亡。生活在大西洋的大马哈鱼则幸运了许多，它一生可以洄游产卵 2～4 次（本文只探讨生活在太平洋的大马哈鱼）。大马哈鱼的产卵期为每年的 10 月下旬至 11 月中旬，产卵场环境要僻静，水质澄清，水流湍急，水温在5～7℃，水域底质为沙砾，因此，它们的产卵场是比较固定的内陆江河。大马哈鱼有着特殊的嗅觉，能在数百万升的海水中分辨出自己母亲河的味道，在海洋中生活了四五年的大马哈鱼，要跨越海洋，飞跃瀑布，经过无数激流险滩和沿途的捕食者，历尽千辛万苦，历经数月才能回到家乡，形成了地球上最壮观的洄游之旅。

大马哈鱼的洄游，是自然进化的结果，因为大马哈鱼的卵只能在淡水中生存。在洄游途中，大马哈鱼由海水进入淡水，对于它们的肾脏和其他器官来说要突然适应缺盐的环境是一个生死考验。多数情况下，大马哈鱼进入江河就停止了进食和喝水，依靠体内储藏的能量向家乡游去。它们为了完成使命，全然不顾，勇往直前！大马哈鱼产完卵后，身疲力竭，一般都会死去。孵化出来的小鱼还不能觅食，只能靠摄食母亲的尸体长大。小鱼长大了，母鱼却只剩下一堆骸骨。大马哈鱼的尸体不仅为成长中的孩子提供了充足的食物，同时用它自己的身体滋养了江河，无声地诠释了这个世界上最伟大的母爱。

大马哈鱼的一生告诉我们：人生要有理想、目标和追求，人的一生就是为了实现目标而奋斗的过程。然而，实现目标的道路并不平坦，不会一帆风顺；我们需要不懈地努力，要有吃苦精神、牺牲精神，只有这样才能接近目标，才有可能实现理想。大马哈鱼还告诉我们，这个世界充满爱，母爱是世界上最伟大的爱！

大马哈鱼的凶猛

黑河民间有一种用滚钩捕捉大马哈鱼的办法，用一条长约60m的8号铁丝，一头固定岸上，另一头连接一个重物沉入江中，然后将铁丝搭在船体上，每隔30cm左右，拴上一组软木和滚钩，软木一端拴在铁丝上，另一端连接滚钩，整个铁丝可以拴上近20组。大马哈鱼主要贴近江底逆水上游，遇到上浮的软木的碰撞时，它的凶猛性情就会爆发出来，鱼尾拍打软木以示“报复”。软木被拍打后急速跳动，带着滚钩滚动起来，鱼尾不停地拍打，直到鱼尾被滚钩钩住才可罢休。

2. 乌鳢（lǐ）

乌鳢，鳢科鳢属，底栖肉食凶猛性鱼类，通常栖息于水草丛生、底泥细软的静水或微流水中，遍布于湖泊、江河、水库、池塘等水域内。乌鳢一般以小鱼、小虾等为食。乌鳢肉富含蛋白质、脂肪、多种氨基酸，还含有人体必需的矿物质及多种维生素。乌鳢虽然可食用，但危害养鱼业。

乌鳢对产卵环境要求不严，一般在湖泊、河流、池塘及水库等水域内水草茂盛的浅水区均可自然繁殖。产卵结束后，雄亲鱼就会担负起守卫、保护的重任，它会在巢的下面或附近巡游，保护幼鱼一直到幼鱼能够自由游泳和独立摄食为止。其间，如果雄亲鱼发现有敌害接近鱼巢，就会立即从水底上浮，凶猛地袭击敌人；如果遇到人为的对鱼巢的扰动，雄亲鱼感到危险时，会用口含的方式将巢内的卵或仔鱼全部移至安全场所；仔鱼离开鱼巢成群摄食时，雄亲鱼仍不断地尾随在鱼群后面防护，如遇敌害对仔鱼、幼鱼侵袭时，雄亲鱼将全力以赴进行驱赶厮杀。父爱的伟大，在动物界同样体现得淋漓尽致(肖光明，2012)。

在自然进化的过程中，乌鳢还具有一项“特异功能”，就是“旱眠”。当乌鳢所生活的水域即将干枯时，它会像冬眠动物一样呈“蛰伏状态”，尾部朝下把身体坐进泥里，只留嘴巴露在泥面以上，直接吸收空气中的氧气维持生命，俗称乌鳢“坐橛”或“坐遁”。这种状态可以持续数周。乌鳢具有很强的跳跃能力。在遇到天气闷热、下雨涨水、水流冲击时，乌鳢往往会跃出水面逃离。乌鳢的许多特异功能，使它可以应对多种复杂而又恶劣的环境，增强了它的生存能力。

乌鳢又叫黑鱼，民间有一个典故，据说此鱼产仔后便双目失明，无法觅食而只能忍饥挨饿，孵化出来的千百条小鱼天生灵性，不忍母鱼饿死，便一条一条地主动游到母鱼的嘴里供母鱼充饥。母鱼活过来了，仔鱼的存活量却不到总数的十分之一，它们大多为了母亲献出了自己年幼的生命。鱼妈妈会绕着他们住的地方一圈一圈地游，似乎是在祭奠。所以，后来人们叫黑鱼为孝鱼。

乌鳢的生命活动告诉我们，爱不是人类的专利，同样在动物界也有。母爱是最伟大的，同样父爱也是恩重如山。爱不仅有父母对子女的爱，同样也有子女对父母亲的爱。爱充满自然界，也正是因为有爱，世界才会变得越来越好，世界才会更加和谐。

3. 鲑鱼

鲑鱼，鲑鱼科，是三文鱼、鳟鱼和鲑鱼三大类的统称。鲑鱼通常以浮游生物、昆虫幼虫、小虾和小鱼为食，鱼肉具有很高的营养价值和食疗作用。

据考证，鲑鱼来到地球上已经一亿多年了，是一种冷水鱼，常年生活在深海。每到产卵季节，鲑鱼都要千方百计地从海洋洄游到位于江河上的出生地——一条陆地上的河流。中央电视台动物世界栏目曾经播放了鲑鱼的回家之路，极其悲壮和惨烈。回家的路上要飞跃大瀑布，瀑布旁边还守着成群的灰熊，不能跃过大瀑布的鱼多半进入了灰熊的肚中；跃过大瀑布的鱼已经筋疲力尽，却还得面对数以万计的渔雕的猎食。只有不多的“幸运儿”才可以躲过追捕，耗尽所有的能量和储备的脂肪后，回到自己的出生地，完成它们生命中最重要的事情——产卵，最后安详地死在自己的出生地。来年的春天，新的鲑鱼破卵而出，沿河而下，开始了上一辈富有挑战的生命之旅。

鲑鱼的“鱼梯”现象

鲑鱼溯游而上产卵是它们的天性。在原始自然的环境中，它们会顺着湍急的河流逆水而行抵达上游，再开始产卵。但是科研人员发现，随着人类对自然环境的扰动，河水变得缓慢、流量逐渐变小、河道趋于平坦；鲑鱼不经过鱼跃也能到达产卵地，如此一来，却出现了鲑鱼不能产卵的问题，即使有一些可以产卵，但卵的数量和质量急剧下降。经过研究发现，原来溯游时腾跃的过程，居然是它们催生的最好良方，也正因为如此，人们在鲑鱼缺乏天然条件洄游的河道上，每隔几米就造一个一米高的落差，这就是“鱼梯”，通过飞跃“鱼梯”的锻炼，让鲑鱼顺利产卵繁育后代。

在鲑鱼洄游的过程中，我们常常会看到许多鲑鱼长相变得很可怕，究其原因，原来是鲑鱼洄游途中会遇上千奇百怪的天敌，雄鲑鱼为了保护母鲑鱼，在这段时间长出狰狞的下巴尖刺，借以吓跑敌人。等到它们产卵责任完成后，雄鲑鱼便会满身伤痕地力竭而死，沉在水中的躯体，又成为小鲑鱼的食料。自然界中，鲑鱼的这种伴侣亲子关系很是少见。

鲑鱼的生命壮举告诉我们：在这个世界上，父母给了我们生命，抚养我们长大，目送着我们走向远方，无怨无悔地付出直到无所付出。孝敬父母是中华民族的传统美德，中国的孝文化也是世界上独一无二的，早在两千年前就有《孝经》出现。我们常说“百善孝为先，孝为德之本”，“孝”是做人的基础、道德的根基，是中华民族的传统美德，是社会稳定与发展的精神动力。

4. 马嘉鱼

马嘉鱼，银肤燕尾大眼睛，非常漂亮。平时它们生活在深海中，只有在春夏之交溯流产卵、生养幼鱼的时候，会随着海潮漂游到浅海冒出水面，渔民才有机会来布帘设网捕捉它们。马嘉鱼具有勇往直前、遇上阻碍从不后退的个性。

渔民常常用一个孔目粗疏的竹帘，下端系上铁坠，沉入水中，用两只小艇拖着来拦截鱼。马嘉鱼碰上竹帘后受阻，由于马嘉鱼的个性使然，越受阻就越往前冲，越冲就越被束缚得更紧，越挣扎网孔就越紧，最终被牢牢地卡在网眼之中。马嘉鱼就这样被渔民捕获，成了人类的盘中美味。马嘉鱼触网后如若懂得退却，也许能够逃过此劫。

马嘉鱼的悲剧，发人深思。世间也常有这样一种人，经常抱怨人生的道路越走越窄，看不到成功的希望；因循守旧，不思变通，习惯在老路上继续走下去。这是否与马嘉鱼类似呢？有时前行的方向就错了，如若执迷不悟，不肯转弯，不肯后退，最终将会陷入绝境无法自拔。其实，天生我材必有用，东方不亮西方亮。如果我们学会审时度势，能及时调整目标，改变思路，完全可能柳暗花明。人生在世，无论是情感还是事业，谁都有受阻的时候。受阻不可怕，重要的是识大局、懂变通。

敢于竞争，敢于追求目标，这样的人生观应当受到推崇，但实际生活中还应该学会妥协，即处理事情时要懂得进退，懂得忍让，不能一味地前进，也许“退一步海阔天空”。生活中，向现实妥协、向他人妥协、甚至向自己妥协，并非放弃和失败，它会让我们更清楚地认清自我，妥协的同时，欲望和心境会变淡，视野和思路会拓宽。妥协的过程中，人会变得更包容豁达、淡定成熟。

物竞天择，适者生存。人生之路，不可能始终笔直，有时遇到挫折在所难免，适时转弯或退却是必不可缺的。前进需要勇气，转弯或退却需要智慧。有时“退一步海阔天空”，有时也唯有转弯才会迎来转机。审时度势，进退灵活，该转弯时就转弯，该退却时就退却，认清形势，懂得进退，才能更好地前进，更好地生存。暂时的妥协能更好地保全自己、保存实力。现实生活中，处处强势、总爱占主导地位的人或许会赢得一时的风光，然而时间久了，不见得会有多少收获和进步；而那些走得更长远的人其实是最懂妥协、谦让的人。实践告诉我们，妥协是一种人生的智慧和境界的豁达，懂妥协的人是“走”的更远的人。

第二节 ●○ 陆生动物的启示

一、羊

羊，哺乳纲偶蹄目牛科，是人类的家畜之一，在我国已有5000余年的饲养历史。羊是与上古先人生活关系最为密切的动物之一，羊伴随中华民族步入文明，与中华民族传统文化的发展有着很深的历史渊源。在我国，文字、饮食、道德、礼仪、美学等文化的产生和发展中都与羊有着密切的关系。羊不仅滋养着中华民族的精神文化，是精神财富，同时也是宝贵的生活资源和物质财富。羊全身是宝，毛皮可制成多种皮革制品，羊毛是毛织品的主要原料，羊肉、羊血、羊骨、羊肝、羊奶、羊胆等均具有较高的食用和药用价值，通过食疗、药疗可发挥其独特的作用，治疗多种疾病。尤其是在当代，羊肉及其衍生品在康养保健方面受到极力推崇。

1．羊的美善与吉祥寓意

在中国传统文化里，美的本义和审美意识，均起源于对吃的崇拜，是味觉审美意识，这是人类审美活动的源泉。有一种说法，“美”是源于古人劳动或喜庆时，头戴羊角载歌载舞之人。古人认为，“羊”与“祥”相通，“祥”也可写作“吉羊”，表示吉祥之意，羊是美善、祥瑞的象征。古人年初在门上悬羊头，交往中送羊，以羊作聘礼，都是取其吉祥之意。在我国传统的伦理思想中，羊还具有主持公道、相安友善、维护秩序、吉庆福临的精神内涵。于是，以“羊”为中心形成了美和伦理的汉字群，比如：“祥”“美”“善”“羕”“养”“义”“羹”“羔”“恙”“羞”“鲜”等都有羊的象形图腾，都与羊有渊源。这也表达了中华民族历来渴望和平、追求和平，体现了亲善朴实、公正大同的民族精神。可见，中华民族的优良传统文化里深深地蕴藏着“羊文化”。

“三羊开泰”，本意是“三阳开泰”，出自《易经》，是冬去春来之意。《易经》认为，十一月为复卦“一阳生”，十二月为临卦“二阳长”，正月则为泰卦“三阳生于下”。“三阳”表示阳气逐步超越阴气，冬去春来，万物复苏。“开泰”则表示吉祥亨通，有好运即将降临之意。“三阳开泰”是吉利的象征。人体的阳气升发也有类似的渐变过程，称其为人体健康的“三阳开泰”，即动则升阳、善能升阳、喜能升阳。在《易经》64 卦中，“泰卦”是好卦，有“否极泰来”的含义。羊在中国古代又被当成灵兽和吉祥物，我们常常在古代器物上看到很多“吉祥”的铭文都写成“吉羊”。在古汉语中，“羊”“祥”通假。《说文解字》说：“羊，祥也。”因此，人们用“三羊开泰”来表达大地回春、万象更新之意；作为兴旺发达、诸事顺遂的祝颂。

2. 羊羔跪乳与孝道传承

古人从对动物长期的观察中发现，只有羊羔这种动物是跪着吃奶的，再加上羊温驯善良，因此得出结论：羊是知礼的动物。《春秋繁露》（汉董仲舒）云："羔食于其母，必跪而受之，类知礼者。"羔羊似乎懂得母亲的艰辛与不易，所以吃奶时要跪着。羔羊的跪乳被人们赋予了"至孝"和"知礼"的意义。也可以这样讲，从羊的"跪乳"到人的"跪拜"，以及其他"知礼"的意识和行为，可以看出，这是羊教给人类的一个智慧。

孝是一种美德，是一种行为，是感恩情怀的自然流露，也是一种礼节。孝与感恩是中华民族传统美德的基本元素。在中国，孝道文化经过数千年的丰富与发展，已成为一种十分重要的社会道德规范，被中华民族尊奉为传统美德。传统孝道文化包含敬养父母、生育后代、推恩及人、忠孝两全、缅怀先祖等，是一个由个体到整体，由修身、齐家、治国、平天下而延展升华的多元文化体系。

千百年来，孝道已成为中华民族繁衍生息、百代相传的优良传统与核心价值观。在周朝，为了敬老尊贤，每年举行一次大规模的"乡饮酒礼"活动，并且有礼法规定，70 岁以上的老人有资格食肉。春秋战国时有法规定，家中有 70、80、90 岁以上的老人，分别可以免除一子、两子及全家的赋役。在中国民间，还有 60 岁以上的老人可以接受儿孙祝寿的风俗。在宫廷，则有皇帝亲自主持尊老敬老的礼仪活动，如，清康熙五十二年举行的"千叟宴"，参加宴会的 65 岁以上的满汉耆老多达 7000 人，盛况一时传为佳话。

孝，狭义上是指善事父母；广义上，就是孔子所讲的"始于事亲，中于事君，终于立身"。感恩，狭义上是指感激父母，广义上是指感激自然、社会、祖国以及所有帮过自己的人。孝与感恩是孝道文化的基本元素。孝是感恩的前提与基础，是人内在的本质思想，是品格，属于魂；感恩是孝的外在体现，是品行，属于形。孝与感恩相辅相成，不可分离，是思想和行为，是内涵与善行。不孝便不知感恩，不知感恩便不懂回馈。孝是人性，孝是根本，孝是至德。

古人讲，"百善孝为先""夫孝，德之本也"。孝道文化是中华传统文化的基本元素，"民用和睦，上下无怨"，又提倡和谐为本，构成了中国的特色文化。中华人民共和国成立以后，为了进一步继承和发扬"孝敬父母"的传统美德，《宪法》将赡养父母列为儿女的义务，同时在公共福利事业中，建立健全和发展壮大了社会主义的敬老服务体系，形成了健康良好的社会道德氛围。

毛泽东曾这样论述忠孝问题，他说，对国家尽其至忠，对民族行其大孝，这是中华民族的最高民族道德，是对古代封建道德的扩充和改造。这里的唯一标准是“忠于大多数与孝于大多数，而不是仅仅忠于少数与孝于少数”。在这种思想道德观念指导下，无数革命烈士通过尽“忠”去实现尽“孝”，积极投身革命，解放全中国的父老乡亲，使其从根本上改善政治、经济地位，实践了“最大的孝”，体现了最大的忠。

孝与感恩是中华民族最基本的传统美德，也是政治品德、社会公德、职业道德、家庭美德和个人品德建设最不可忽视的因素。它也是当今建设物质文明、政治文明、精神文明、社会文明、生态文明不可忽视的精神支柱和力量。

21 世纪，我国已进入老龄社会，人口老龄化引起全社会的极大关注。国家统计局数据显示，截至 2019 年底，我国 60 岁及以上人口已达 2. 54 亿，占总人口的 18.1%，其中年均新增老龄人口 2017 年首次超过 1000 万。随着社会物质文化生活水平的不断提高，老年人的生活、生命质量也在不断提升，平均预期寿命逐渐延长，老龄人口的增长还在加速。据预测，我国 60 岁及以上人口 2030 年将达到 3.71 亿、2040 年将达到 4.37 亿、2050 年将达到 4.83 亿，80 岁及以上人口也将分别达到 0.43 亿、0.67 亿、1.08 亿人。亿万老年人的养老问题将是我国 21 世纪的重大战略任务之一。中国的养老方式是以家庭养老为主，这是几千年形成的传统模式。大多数老年人的生活保障能力还比较低，他们在物质上、生活上、精神上都离不开家人的照料。因此，倡导和弘扬孝道文化，对于未来社会的健康发展和和谐、稳定将有特别重大的意义。

3. 羊的自私与集体主义

羊是一种温驯的动物，与世无争，战斗力弱，常被其他动物攻击。羊群在逃避追捕时，每只羊并不需要跑得多快，只需要比其他羊快就行了，这种行为是羊自私的一种表现。

自私决定了群居动物的行为，自私对生物界而言，有时是最实际、最优化、最理性的生存策略。一只羊在荒郊野外被狼群追捕时，死亡概率为 100%，但一群羊在一起时，其死亡的概率就会变小，羊群越大，个体被捕获的概率就越小，这就是群居的好处。群居不但可以分享个体无法多方位获得的有利信息，还可趋利避害，分散风险和困难，增大生存的概率，使个体利益最大化、灾害最小化。总之，动物是自私的，自私能趋利避害，而趋利避害有效的途径之一就是群居，这就是动物集体群居的动机和意义。

人是动物，同样会具有动物自私和群居的本能。一个人对自己一只受伤脚趾头的关注，要远胜于对一场地震的关注，这就是人的自私。所以，人不仅是具有集体主义思想的社会人，更是具有自私特性的自然人。

自私与集体主义不是互相矛盾的，而是相互统一的，自私与集体主义对立的说法是不对的。自私是为了生存，集体主义是为了更好地生存。集体主义是实现个体利益最大化的一种常用手段和方法。

自私是无私的个体基础，无私是自私的集体升华。自私个体的群居必然会产生集体主义的无私，集体主义的无私是动物自私特性的一种高级表现形式和群体智慧的结晶。

要想发展集体，就必须先发展个体，从这一点上讲以人为本的本质是以集体或国家为本。发展个体的人格便是发展国家的国格，同样发展私有经济的最终目的还是发展集体或国家经济。独立人格的人越多，集体或国家的国格就越强；当集体或国家强大了，独立人格和个体的利益才能得到充分的维护。

$$集体 = \sum 个体$$

$$无私 = \sum 自私$$

$$国格 = \sum 人格$$

综上所述，只有个体利益得到满足，集体才能完好存在。反之，集体的存在又能更好地保护个体利益。若只强调个体利益，则个体利益也会因为没有集体的作用，而无法保障；若只强调集体利益，不顾个体利益，则集体不稳定、不长久，最后一盘散沙，失去了团结协作的力量。总之，要处理好个人和集体的辩证关系，二者应相互促进，相互发展，统筹兼顾。个人和集体双赢是最理想的社会关系和发展模式。

4. 羊群效应与独立自主

羊是一种能吃苦的动物，能在崎岖的山路攀登、负重，生存能力很强。西藏的驮羊，以弱小的身躯背负沉重的驮袋，迎着刺骨的寒风，奔波在苍茫的高原上，始终能朝目标坚定地走下去。羊是一种群居动物，《诗经·小雅·无羊》有“谁谓尔无羊？三百维群。谁谓尔无牛？九十其犉（chún）。尔羊来思，其角濈（jí）濈。尔牛来思，其耳湿湿。”《说文解字》徐铉注：“羊性好群”。“群众”由此产生。《古今图书集成·禽虫典》说：“大曰羊，小曰羔。羔性群而不党。”意思是说：“善群”是羊的生存特点，羊群里面不会出现宗派、小集团、闹矛盾、闹分裂的现象。羊群常常以一雄羊为首，即所谓的“头羊”，“头羊”在羊群中起着重要的作用，有了“头羊”羊群就有了凝聚力、团结力、亲和力。“群而不党”无疑是羊教给人类的另一个智慧。羊群在迁移中，头羊始终在前面开辟道路，引领方向，它自信热情、主动负责，是羊群信赖的头羊。而整个羊群会模仿头羊的一举一动，头羊怎么做，羊群也跟着怎么做，这就是“羊群效应”。

各行各业都存在有头脑、有眼光、有想法的“头羊”，在其示范和引领下，大家能凝聚力量，统一目标，共同进步。在信息不对称和预期不确定的条件下，看别人怎么做，随大流、人云亦云、亦步亦趋确实风险比较低。然而，羊群效应的盲从心理也有其负面影响，往往也会造成事业停滞不前，甚至走弯路，遭遇失败。

领头人很重要，领头人的引领水平与其所处环境和自身修养密切相关，羊群效应结果的好坏与领头人引领水平的高低有关，跟随不同的领头人就会有不同的结果。正所谓近朱者赤，近墨者黑。在实际工作生活中，我们既要重视向高水平、有才学的人学习，也要保持自身独立思考和自主创新的意识。学习要有选择地学，为我所用地学，一切好的东西都是人类的共同财富，在发展过程中，好的、进步的、有益的东西都应该吸收。

“羊群效应”的实质就是跟踪模仿。羊群效应与独立自主的关系就是跟踪模仿与自主创新的关系。一个人、一个团体、一个民族、一个国家，应首先跟踪模仿、学习吸收人类先进的文明成果，只有这样，才能更好地充实发展自己。其次，跟踪模仿的学习是知其然不知其所以然，一味地跟踪模仿不能把握事物的本质，只有独立自主、勇于创新才能掌握核心技术，它是个人、民族和国家强大的基础。

在现实生活中，要处理好“羊群效应”与独立自主的关系。不能一味盲从，要批判地学习。每个人有各自不同的人生道路，会遇到艰难险阻，也会有机遇希望，但我们要有自己的立场，有自己的目标和追求，团结协作，自主创新。

二、骆驼

骆驼，哺乳纲偶蹄目骆驼科骆驼属动物。骆驼头较小，颈粗长，弯曲如鹅颈。躯体高大，四肢细长，蹄大如盘，两趾、跖有厚皮，适于沙地行走。特别是骆驼蹄下有肥厚而宽阔的肉垫，适应在流沙上行走而不下陷，能耐受沙漠70℃的高温和冬季-30℃的严寒。骆驼的胸部、前膝、肘端和后膝的皮肤都很厚，表面有一层角质层，具有耐磨、隔热、保暖的作用，有助于骆驼在沙砾温差悬殊的地面上休息。在进化的过程中，为了适应沙漠环境，骆驼的身体除了体表的特殊结构，体内结构也有了区别于其他生物的进化。其一，骆驼的牙齿、舌头、嘴都有了特异性，使得它能吃食沙漠中有刺和干较粗的植物；其二，骆驼有三个胃，其中一个专门用来储水，干渴的骆驼遇到水 10min 内即可喝下 100kg 水并存起来，以保证骆驼在干旱的沙漠可以数日不喝水；其三，骆驼的脂肪组织类似海绵，储存水分的能力远高于其他动物，当骆驼严重缺水时，脂肪组织可以释放大量水分；其四，骆驼的血液含水量、呼吸次数、小便量和次数都可以随环境的变化做适当调节，保证骆驼对水分的需求。

传统理论认为现代骆驼的祖先 4500 万年前就生活在地球上，经过漫长的进化与发展，在动力机车出现之前，骆驼始终是人类沙漠中的主要运输工具。在千百年的进化过程中，人们发现骆驼有许多优秀的品格：吃苦耐劳，踏实能干，甘于奉献，信念坚定。

1．骆驼的智慧与艰苦奋斗

骆驼只需要少量的食物和水，就可以为了既定的目标坚定地一直走下去，从不过分索取。骆驼稳健地一步步地行走，慢慢移动着身躯，像大海里的小舟，乘风破浪，一路向前，给沙漠增添了无数灵气。在这个竞争残酷的世界里，骆驼没有随波逐流、贪婪野蛮，而是理智自强，从容地步入一望无际的沙漠，向着自己的目标前行。此时的骆驼，很像一个修行者，在这一望无际的严酷环境中打磨自己的品格与意志，练就一身钢筋铁骨，这就是骆驼的智慧。骆驼能离开喧嚣的世界，特立独行，对广阔的沙漠情有独钟，执着地寻找着生命的意义；它坚持自己的主张，决不回头；它从不奔跑，总是一步一个脚印地在沙漠中行走，因为它知道那样会迅速死亡，永远走不到希望的绿洲。这就是它的智慧。

沙漠几乎是生命的禁区，要么干旱高温、骄阳似火、酷热无比；要么天寒地冻、狂风肆虐、飞沙走石。骆驼承载 200kg 的物品，能在茫茫大漠中顶着骄阳连续行走 20 多天，行程 1000 多公里。沙漠里干旱缺水，植被稀少，温差变化剧烈，骆驼能在这样的环境里顽强地生活着、繁衍着，是多么地坚强！而很多所谓动物世界的强者，诸如大象、老虎、狮子等，在沙漠面前只能望而却步，沙漠对它们来说就是死亡之地。

骆驼以其特有的顽强拼搏、吃苦耐劳、艰苦奋斗的品格和精神，穿越干旱荒芜的沙漠戈壁，这与骆驼艰苦朴素的品质分不开。在沙漠中，偶尔能吃到一些梭梭草、红柳之类的低矮植物就心满意足，十几天饮一次水就感到很高兴。

艰苦朴素即对生活要求不多，对于艰苦的环境，从不抱怨，永不气馁和放弃。骆驼吃苦耐劳和艰苦朴素的品质启示我们，人生要想成功和幸福，就必须有坚强的心志、不畏坎坷和艰苦奋斗的精神。沉着、坚韧，是骆驼的精神。我们要像骆驼——大漠的跋涉者学习，永远昂首阔步，脚踏实地；永远满怀信心，勇往直前!

2. 驼峰效应与储蓄人生

驼峰效应是指食物丰富时，骆驼将脂肪储存在驼峰里，条件恶劣时，再消耗这些储备。驼峰内的脂肪不仅可作为营养来源，还可用于储存水分。因此，骆驼在沙漠中能不食不饮数日。据记载，骆驼曾 17 天不饮水而存活下来；骆驼体内的水分丢失缓慢，脱水量达体重的 25%仍无不利影响；骆驼能一口气喝下 100L 水，并在数分钟内恢复丢失的体重。

人生也是如此，犹如骆驼为了走出荒漠，需要先积累“驼峰”一样。俗话说“十年寒窗无人问，一举成名天下知”，十年寒窗就是在蓄积力量。如果一个人能像骆驼一样坚忍不拔，不遗余力，奋力向前，那么面前就不会有无法跨越的“死亡之海”。

任何人想要实现自己的理想，都需要先付出努力和积累实力，只有这样才能迎来自己所向往的幸福与成功。同样，滑雪者要想享受轻松地顺着山坡往下滑行的愉悦，就必须先努力地登上山顶。人生亦然，我们不断地储蓄知识，积累经验，就是为了走出困境，渡过难关。一个人懂得人生需储蓄什么，并知道怎样去储蓄，就是一种智慧与幸运。储蓄人生就是要储蓄人生中那些最宝贵、最难忘、最精致的至真、至善、至美的东西。

每个人都有梦想和追求、有未来和目标、有心中的绿洲，然而，又有谁不是在自己的那一块沙漠中行走呢?路途虽然遥远和艰辛，但绝对不能放弃，抱怨、叹息与沮丧是没有用的，成功与失败只在一念之间，只有努力向前、坚持下去，才有出路。有的人认为，别人花费数年就做成的事情，自己要数十年才能完成，觉得很亏。其实不然，在经历的几十年中，得到了别人所没有的东西，在这个过程中得到了历练，拥有了别人所没有的坚强意志，储蓄了更多能量。这些积累为将来的成功奠定了坚实的基础，我们要向骆驼学习，扎实地走好每一步，在成功的道路上留下奋斗的足迹。

“驼峰效应”启示我们，在前进的过程中，要不断汲取各种有益营养，增加储备，逐渐丰富、完善和发展自己，提高自己的核心竞争力，早日到达自己心中的绿洲，为社会做出更多的贡献。

万物皆可为我师。羊让我们联想到温顺善良和与世无争；骆驼让我们联想到吃苦耐劳和艰苦朴素。在崎岖的山路上攀登的山羊，在大漠中执着前行的骆驼，因不同的生活习性和不同的生存策略在自然界都拥有自己的一席之地，它们以自己独特的适应方式和生存智慧带给我们许多启示。

三、蝙蝠

蝙蝠，脊索动物门哺乳纲真兽亚纲翼手目，有16个科，是哺乳动物中唯一能够真正飞翔的兽类。人类发现的最早的蝙蝠化石是美国有5000万年历史的食指伊神蝠，它比人类的历史久远了许多。蝙蝠的寿命一般为4～5年，最长可达40年。在蝙蝠家族中，70%是以昆虫和小动物为食物，只有少部分食用植物种子和果实。

蝙蝠为了适应飞行及夜间生活，在进化过程中其生理机能发生了特异性变化。蝙蝠的视觉较差，而听觉异常发达，蝙蝠通过灵敏的耳朵收集周围传来的回声来断定附近物体的位置和大小，以及物体是否在移动，这种方法称为回声定位法。在夜间或十分昏暗的环境中，蝙蝠利用回声定位法能够自由地飞翔和准确无误地捕捉食物（马逸清等，1986）。实验证明，多数蝙蝠通过喉头能发出频率在20～60kHz的超声波，蝙蝠通过脉冲波的反射定位来捕捉昆虫，自然界多数昆虫声波的波长都在这个范围。即使在黑暗中，蝙蝠也可以捕捉飞行中的昆虫。蝙蝠在夜间或较为昏暗的环境中捕食昆虫，填补了普通捕食昆虫鸟类无法利用的生态位，这也是自然界生态进化的智慧，是人类进一步思考的问题之一。

1．蝙蝠的现状

蝙蝠是世界上适应性最强的哺乳动物之一，但是在现代人类的影响下，许多自然生态系统平衡遭到破坏，蝙蝠的栖息环境发生了重大变化，原有的许多环境已不适宜蝙蝠的生存，蝙蝠的分布范围和数量已大大减少。1996年世界自然保护联盟物种生存委员会（IUCN/SSC）出版的《1996年受威胁动物红色名录》中公布了蝙蝠（翼手目）动物的状况，极危险（CR）种类有26种，濒危（EN）有32种，易危（VN）有173种，总计231种，仅次于啮齿类（330种）。《中国濒危动物红皮书・兽类》中列入受威胁较大的蝙蝠有8种。造成这些危害的主要原因是:

① 栖息环境破坏。栖息地面积的减少、栖息地空间结构的改变可能是导致

种群数量下降的主要原因。

② 人为扰动。人类矿山开采、林业伐木、城市建筑都会导致蝙蝠无处栖息，大量死亡；人类对蝙蝠冬眠地的扰动，使蝙蝠提前结束冬眠，过早耗尽脂肪而死亡；杀虫剂的使用，也是导致蝙蝠死亡的一大原因；在热带地区，蝙蝠是当地居民的一种食物，大肆猎杀也是蝙蝠减少的一个原因。

③ 气候变化。随着全球气候变暖，蝙蝠栖息地的环境也发生了变化，气温改变导致了一些种类的昆虫大量减少，导致蝙蝠因缺乏食物而死亡。

2．蝙蝠的生态价值

（1）植物的授粉与传播

许多热带植物的花是夜间开放，并具有宽大的花蕊或向外延伸的巨大花瓣，利于蝙蝠传粉。如，葫芦树和仙人掌，大多是白色、奶油色和绿色，而且有强烈的麝香或酸味，生活中常见的榴梿、香蕉、大枣、芭乐等水果，墨西哥的龙舌兰草，以及在非洲被称为“生命之树”的面包树，都要依赖于蝙蝠的自然授粉。一些蝙蝠还是某些热带森林生态系统的关键种，如，热带和亚热带地区的原始森林中，大蝙蝠亚目的蝙蝠（果蝠）往往是关键种。一些热带植物幼体根本无法在亲本的阴影里正常发育，母树产生的毒素会阻止其幼树成熟。因此，植物种子必须传播到远离母树的地方，才能保证种群的繁衍和扩散，或是将大量果实带到远离母树的地方，或是将整个果实吃掉，种子经过果蝠胃的消化才能发芽，这里果蝠起到了关键作用。

蝙蝠在自然生态系统中有着重要地位，如果蝙蝠灭绝，那些靠蝙蝠授粉的植物种群将不复存在，自然界的生态平衡将会被打破，一些不可预测的生态灾难将会降临，最后遭殃的还是人类。因此，保护蝙蝠种群，对自然和人类都有一定的积极意义。

（2）蝙蝠的捕食与被捕食

蝙蝠是蚊、蛾及许多鞘翅目害虫的主要捕食者，研究表明：一只 20g 的蝙蝠一个晚上就可以吃掉 200～1000 只昆虫，蝙蝠一个夜晚吃掉的昆虫相当于自身质量的三分之一，是许多昆虫最重要的控制者，在植物保护方面有一定的地位。同时，蝙蝠又是猴子、狐猴、浣熊、负鼠、猫、猛禽、蛇等食肉动物的捕食对象，其中鸟类和蛇是主要的捕食者。

（3）蝙蝠与病毒

近年来，大量的研究证实，蝙蝠是多种人兽共患疾病病毒的储存宿主，在已知1400余种源于动物且可感染人的病原体中，蝙蝠体内携带有200余种（李文东，2004），素有“病毒库”之称。蝙蝠携带的病原体微生物主要是通过中间宿主感染人类，蝙蝠直接对人类的传染很少。比如，果子狸传染SARS冠状病毒，骆驼传染MERS病毒，大猩猩和黑猩猩传染埃博拉病毒，猪传染尼帕病毒，马传染亨德拉病毒，非洲绿猴传染马尔堡病毒。这些病毒一旦进入人体，具有极高的毒性、致命性和传染性。人类最近发生的多起大规模的高致命的急性传染病都与蝙蝠携带的病毒有关，目前对于这些病毒感染的治疗和传染途径及风险还没有很好的对策。

虽然蝙蝠携带这么多人畜共患病毒，但是自身几乎不被感染，科学家通过研究发现有两个原因：其一，蝙蝠长时间飞行，体内温度升高，经过长久的进化与变异，蝙蝠体内温度能达到50℃以上，长时间的高温能够有效地抑制病毒的生长，甚至可以杀死这些病毒。其二，蝙蝠体内的NF-kB家族转录因子c-REL受到正选择，它不仅在固有免疫中发挥作用，还与DNA损伤反应具有一定关系。NK细胞（natural killer cell）是抵抗外界病原微生物和肿瘤的第一道防线。

（4）蝙蝠的科学应用价值

蝙蝠是人类的良师，人类受蝙蝠的回声定位系统的启发，发明了雷达和隐形飞机。吸血蝙蝠唾液中可以提取一种抗凝血蛋白质，它溶解血栓的速度远高于目前临床所用的药物。蝙蝠的粪便被中医称为“夜明砂”，有清热明目的功能（冯江等，2001）。

人类与蝙蝠结缘历史渊源，中国传统思想里“蝠”与“福”同音，蝙蝠是吉祥的象征，许多古代建筑都有与蝙蝠有关的造型和图腾，如：北京颐和园的万寿山形似蝙蝠，北京恭王府内有形似蝙蝠的“蝠池”等。

蝙蝠虽然携带了很多可能感染人类的病毒，但它们的栖息地与人类的活动区域相距甚远。而且，它们的活动时间主要集中在夜晚，一般情况下人类还是很少能接触到它们。蝙蝠的习性与人类互不干扰，森林是地球的“肺”，地球上三分之一的森林需要蝙蝠来播种，还有许多植物需要蝙蝠来授粉，不仅如此，蝙蝠还可以消灭相当于自身身体质量三分之一的害虫。从生物链的角度来看，任何一种现存于地球上的生物都不是孤立的，它们都是生物链上的一个重要环节。比如：蝙蝠可以捕食昆虫，它又是某些蛇与猴子的捕食对象，更是一些鸟类的主要食物。在地球这个大自然生态系统中人类也是食物链上的某一环节，不管是害虫数量失控，地球森林面积减少，还是其他动物食物来源的匮乏或是灭绝，只要是生物链断开，自然生态的平衡破坏，都会对人类的正常生活带来极大的危害。

我们看待事物一定要一分为二，既看到它的正面，也要考虑它的反面，权衡利弊，综合考虑，再下结论。世界上没有绝对的好与坏，事物的好坏一定要与当时的时代环境结合起来考虑。只有这样，才能明辨是非，吸取经验，更进一步。

四、果子狸

花面狸，哺乳纲食肉目灵猫科花面狸属食肉动物，俗称果子狸。果子狸有显著的面部纹路。果子狸多分布于多种森林栖息地，经常活动于农业区，主要食物是果实、鸟类、啮齿类、昆虫和植物的根。在农田它们会攻击家鸡和水禽。果子狸是一种比较常见的林缘兽类，树栖性、独居、夜行性，白天在树上的洞穴中睡觉。冬春时，多在洞穴中休息，夏季炎热时，常隐于浓密灌丛中。

在有些地区，果子狸常到果园中盗食水果，在中国四川北部地区，据说会危害玉米和未开花的棉桃，但一般危害不大。果子狸浑身是宝，毛绒厚软，皮毛可制作上等裘皮，是我国出口的大宗皮张之一；骨骼入药，可以祛风湿、壮筋骨、滋补安神、治风湿关节痛；脂肪是护肤品和烫伤药的优质原料；肉，汤鲜味美，是人类的美味佳肴。因此大量人工养殖果子狸也是一项重要产业。

2002 年 11 月，广东暴发了非典疫情，截至 2003 年 8 月 7 日，全球累计非典病例共 8422 例，涉及 32 个国家和地区，全球因非典死亡人数 919 人，病死率近 11%。主要病原是 SARS 冠状病毒，研究人员对从果子狸身体标本中提取的 SARS 样病毒进行基因全序测定，发现它与人类 SARS 病毒有 99.8%的同源性，这意味着病毒来源是野生动物市场携带病毒的果子狸的可能性很大。然而在进一步的研究中发现，只有广州东门市场和增槎野生动物市场的果子狸有病毒，在江西上饶、广东新丰、四川、广西、福建、肇庆、贵州以及中国北方的其他地方采集的果子狸样本里都没有发现 SARS 病毒。许多证据表明，果子狸只是一个中间宿主。直到 2013 年 10 月才找到真正的元凶，中华菊头蝠，是 SARS 冠状病毒的源头。果子狸只有通过捕杀菊头蝠才会携带病毒，而人类通过食用果子狸，尤其是携带了病毒的野生果子狸，最终引起非典暴发。

果子狸的遭遇启示，本是野生动物身上的病毒，由于人类过分贪婪而导致感染，人类一旦感染这些病毒，几乎束手无策，导致疾病流行，很多感染者失去了生命，国家损失无法估量，所有的这些都祸起人类。

五、穿山甲

中华穿山甲，狭义上的穿山甲，在我国古代被称为鲮鲤。中华穿山甲是其大家族中最早被命名的种。穿山甲是哺乳纲鳞甲目穿山甲科的哺乳动物。中华穿山甲是特化物种，视觉基本退化，尤以嗅觉灵敏。中华穿山甲常栖息于热带森林、针叶林、常绿阔叶林、竹林、草原和农田等各种栖息地。全世界穿山甲共有 8 种，分别为穿山甲属（4 种，分布于亚洲）、长尾穿山甲属（2 种）和地穿山甲属（2 种，分布于非洲）。生活在我国的有中华穿山甲、印度穿山甲、马来穿山甲 3 个种。

1. 穿山甲的绝技

据考证，在地球上发现的最早的穿山甲是大约 4770 万年～4630 万年前欧洲地区的始穿山甲，除了四肢和尾巴没有鳞片外，其他的形态和现代穿山甲类似。穿山甲速度不快，体型较小，在自然进化的过程中，为了应对天敌，穿山甲才逐渐演化成“全副武装”的模样。当穿山甲遇到天敌时，蜷缩成球，天敌对它毫无办法，不用逃跑或打斗就可“战胜”敌人。但穿山甲的这种演化如今却害了它。

2. 穿山甲的传说和遭遇

20 世纪 70 年代，基于世界范围内对穿山甲鳞片制品、中成药制品和食用的需求，特别是中国人食用穿山甲和将其入药的传统习惯，在全世界刮起猎捕穿山甲的热潮，盛传穿山甲的鳞片具有通经下乳的功效，曾经一度光明正大地摆在药店的柜台上售卖；穿山甲的肉有大补的功效，不仅治肾虚、治风湿，还可以治疗癌症，还是许多人餐桌上的“美味”。事实上，经科学研究证实，穿山甲鳞片的主要成分与人类的指甲无区别，主要成分是角蛋白，这些鳞甲除含有病毒外，还携带砷、铅等重金属和大量的寄生细菌。我国古代的很多医书，都将穿山甲列为“下品药”，明代李时珍《本草纲目》有“穿山甲，古方鲜用”，这些都说明穿山甲并无特别之处，但是，当代人在某些愚昧思想的蛊惑下，短短几十年，大量的穿山甲被活剥宰杀。从 20 世纪 60 年代到 2004 年，中华穿山甲共减少了 88%～94%，由常见物种变成了极危物种。

根据中国生物多样性保护与绿色发展基金会（CBCGDF 2016）数据显示，自 2008 年开始，中国国家林业局每年向社会披露穿山甲鳞片批准使用量，大约为每年 26.5t，相当于 5.7 万头穿山甲。联合国环境规划署-世界保护监测中心（UNEP-WCMC）的 CITES 贸易数据库，2001～2014 年贸易数据库记录显示，中国年均甲片（商业、科研、教育）进口额仅为 0.446t，即便把它们全拿来入药，也只是年消耗控制量的 1/60，如此巨大的差额说明了什么？国内穿山甲消失得如此之快也就很容易理解。

3．穿山甲的生态价值

穿山甲素有“森林卫士”的美誉，一只穿山甲一年可以吃掉七千万只“白蚁”和蚂蚁，可以保护 250 亩森林免受白蚁的危害。穿山甲还挖掘深洞，用于睡眠和筑巢。穴居动物有时被称为“生态系统工程师”，因为它们的洞穴可能被其他物种使用。穿山甲在保护森林、堤坝、维护生态平衡方面有重要意义。

白蚁，亦称虫尉。节肢动物门昆虫纲有翅亚纲网翅总目，是一种半变态完全社会性昆虫。白蚁是自然环境中存在的能够高效降解木质纤维素的昆虫之一，地球陆地 2/3 的面积上有白蚁存在，其中大部分集中在热带和亚热带地区，到目前为止，只有南极洲尚未发现白蚁的活动痕迹。

白蚁危害所造成的损失是惊人的，主要表现在：对农作物的危害，白蚁对我国农作物的危害主要集中在经济作物甘蔗；对树木的危害；对房屋建筑的破坏，特别是对砖木结构、木结构建筑的破坏更加突出；对江河堤防有严重的危害，我国古代就有“千里之堤，溃于蚁穴”的说法。白蚁给人类造成的损失，每年大约在数百亿美元左右。

4．穿山甲遭遇的启示

科学研究已经证实，穿山甲的鳞片和肉、骨骼并没有什么特别之处，所传说的功效也无从考证，但是，相当一部分人还是为了利益、为了私欲，大肆猎杀穿山甲，导致穿山甲濒临灭绝，破坏了自然生态平衡。

中国饮食文化源远流长，享誉全球。随着经济的发展，生活水平的提高，“食淫”之风盛行。2002 年的“非典型肺炎”就有可能是源于人类食用果子狸，2019 年又出现了新型冠状病毒感染的肺炎流行，新冠病毒从哪里来？种种迹象指向了穿山甲。事实真相究竟如何，还有待科学研究的进一步证实。但无论结果如何，有一点应当明确，人类是自然的一部分，应当尊重自然，爱护自然，更要爱护自然界的所有生物。

蝙蝠、果子狸、穿山甲的启示：

当代人普遍认为，人类是“万物之灵”，在世界上的地位是“至高无上”的。人类对动物可以任意处置，觉得好玩，便作为宠物豢养；觉得美味，便作为食物端上餐桌；觉得有力气，便作为驱使的工具；觉得美丽，便作为衣饰装扮；若可治病，便请君入药。在地球这个巨大的生态系统中，每种生物都有它的生态位，对于维持全球食物链的平衡起着重要的作用。同为自然进化的生物，任何生物都有存在的必然性，本应和谐共生。但若为了贪欲，破坏了这种生态平衡，就像2002年的“非典型肺炎”和2019年的“新型冠状病毒感染的肺炎”的发生，就是自然界对人类的教训。其实在这个地球上，有些动物存在的时间比人类还要长许多，人类作为地球上的新成员，没有资格更没有理由伤害它们。

惨痛的教训告诉我们，人类要尊重自然，爱护自然，保护自然，与大自然和谐相处。不管是蝙蝠、果子狸还是穿山甲，它们都没有错。爱护大自然的一切生命，就是对我们自己生命的负责，就是对人类的负责！

第三节 ●○ 鸟类的启示

鸟类是脊椎动物亚门的一纲，体均被羽毛，恒温，卵生。我国的鸟类有1400多种，分为游禽、涉禽、攀禽、陆禽、猛禽、鸣禽六大类，也是鸟类的六大生态类群。鸟类的起源学说比较多，但是较一致的观点是，20世纪70年代，美国耶鲁大学著名的恐龙学家约翰·奥斯特伦姆（John Ostrom）教授提出：鸟类的直接祖先是一种小型恐龙，他认为由假鳄类演化为恐龙中的虚骨龙类，然后再进一步演化为始祖鸟，进而演变为新鸟类。1996年8月12日，我国科学家季强从辽西四合屯的一块恐龙化石标本中发现，这个长羽毛的恐龙是恐龙与鸟的过渡时期的产物，提出鸟类是由小型食肉恐龙演化过来的假说，这块化石为鸟类起源于恐龙提供了有力的证据。1999年2月，美国耶鲁大学召开鸟类起源国际学术讨论会，肯定了季强的观点，明确了鸟类是由恐龙进化而来的。

在自然界，鸟类是所有脊椎动物中外形最美丽、声音最悦耳的动物，无论是人迹罕至的两极，还是熙熙攘攘的大都市，到处都能看到美丽的鸟儿或翩翩起舞、或欢声笑语、或自由翱翔。那一只只飞鸟，一双双划过天空的翅膀，给天空注入了活力，给人类带了欢乐。据考古学研究，没有人类的时候就有了鸟类。人类诞生以后，在与大自然索取、认识、改造和保护的过程中，鸟类与人类结下了不解之缘。鸟类不仅是人类生活资料来源的一部分，如：家禽的肉、蛋、羽毛和羽绒；也是人类精神文化的重要来源。古往今来，人们把鸟类看作是吉祥、长寿、幸福、美好的象征，用诗词歌赋赞美的数不胜数。同时，鸟类还是杰出的建筑师，人类的许多建筑灵感皆来源于鸟类的筑巢技术；人类对鸟类飞行的研究，诞生了鸟类仿生学，启发人类发明了各种飞行器。鸟类对人类的启示充满生活的各个方面。

《孔子家语·六本》记载，孔子见罗雀者，所得皆黄口小雀。夫子问之曰："大雀独不得，何也？"罗者曰："大雀善惊而难得，黄口贪食而易得。黄口从大雀，则不得；大雀从黄口，亦不得。"孔子顾谓弟子曰："善惊以远害，利食而忘患，自其心矣，而独以所从为祸福。故君子慎其所从。以长者之虑，则有全身之阶；随小者之戆，而有危亡之败也。"

这个故事告诉我们，智慧是多年累积的结果，经验非常重要。只有经历过岁月的洗礼，才能获得生存的经验。小鸟贪食不机警，必遭横祸。人类也如此，社会实践少、缺乏经验，必然不成熟，易受伤害；吃一堑才能长一智，才能逐渐成熟。在我们经验少、不成熟的时候，一定要控制住自己的欲望和贪婪之心，贪者必遭祸。年轻人一定要多向老同志虚心学习，只有这样，才能少犯错误或不犯错误。特别是我们组建团队或领导班子时，老、中、青结合是科学合理的选择。老同志经验丰富把握方向，中年人年富力强是中坚力量，青年人思维敏捷、思想灵活、活力旺盛，是积极分子，这样组合的队伍，有思想智慧、有干劲实力、有创新活力，做事常可立于不败之地。

农夫在田野中直线播撒了一段玉米诱饵后，拉起一张网，网与地面留一段距离，几乎每日都有收获。鸟飞来，低头啄米，边走边吃，一直吃到网内尽处无食，才抬头拍打翅膀往上飞，却被网罩住，惊慌失措，不停挣扎到筋疲力尽，被农夫捕获。

由此我们知道：任何时候不要为眼前利益所迷惑，不要低头弯腰，否则会误入歧途；要时刻保持清醒，知道什么时候该抬头，什么时候该低头；抬头时不要昂得太高，高飞可能会遇上高处不胜寒；低头时，看清脚下的路。这个故事启示我们，得意时莫要忘形，居安时莫要忘危，否则会乐极生悲；失意时，莫要灰心丧气，要鼓起勇气从容应对。只有这样，才能柳暗花明。

自然界也有一些典型的鸟类，它们的生活习性给我们许多启迪。

一、麻雀

麻雀，雀形目文鸟科，是小型鸟类。主要栖息地分布于海拔 300～2500m 的地区，在中国西藏地区可达海拔 4500m 的区域。凡是人类居住的城市和乡村都有它们的身影，遍布山地、平原、丘陵、草原、沼泽和农田；麻雀喜结群，属杂食性鸟类。冬季常迁到山脚和平原等低海拔的地区，有季节性垂直迁移现象。麻雀栖息环境一般总是选在居民点或其附近的田野，大多在固定的地方觅食和休息；白天活动范围大都在 2～3km 之内，晚上藏匿于屋檐、洞穴中或附近的土洞、岩穴内以及附近的树林中。

麻雀对人类的依附程度极高。科研人员对麻雀栖息地、环境、气候等因素分析，发现人类的地理分布对麻雀生活的影响很大，麻雀与人类的生活息息相关。

麻雀主要以谷物等农作物为食，特别是在秋季谷物成熟期间，常常看见麻雀成群结队地飞到农田啄食谷物，给农作物的收成带来很大影响，因此在 20 世纪 50 年代末 60 年代初，我国曾将麻雀和苍蝇、蚊子、老鼠一起列为四害，在全国范围内开展“除四害”运动。麻雀究竟对人类是有益还是有害？许多学者做了专题研究，最后的结论是：麻雀虽然在秋天对农作物有影响，但在非农业地区和秋收以后这种危害就很不明显，尤其春夏之际，麻雀还可以大量捕食危害农作物的昆虫，对农作物起保护作用。因此，对麻雀应全面评估，不能只看到有害的一面，还要考虑有益的一面；应从生态平衡角度考虑，调节麻雀的种群数量即可。所以，1960 年以后，政府又将麻雀从“四害”中剔除（赵正阶，2001）。

麻雀在春季繁殖期间，雌雄主要成对活动，共同营巢、孵卵、喂养幼鸟，幼鸟长大先随老鸟一起活动，在老鸟的带领下学习生存的技巧和经验。当老鸟进行第二次繁殖时，幼鸟才相互结群活动。秋后，所有老鸟与当年的幼鸟合群，其数量可达数百以至上千只。冬季，则群落数量变小，活动范围逐渐缩小到房院周围，至来年春初再开始配对。就这样，麻雀可以根据环境的变化，合理安排群落数量，进行资源的优化和配置。

在我国西北地区，寒冬到来时，候鸟们都飞往了南方，只有灰色的麻雀还在那光秃秃的树枝间鸣叫、觅食。那声音虽不悦耳，却能给萧瑟苍白的冬季带来一种生灵的动感，它们不因故土贫寒，坚守待春，是多么可爱。

麻雀是人类的朋友，我们的生活对麻雀影响很大。同时，麻雀的生活习性对我们也有所启发。譬如，前面所述“麻雀的机警”，启示我们生活的经验很重要。麻雀能根据四季的变化合理分布群落数量，使环境资源配置科学化、最大化。它告诉我们，资源配置的重要性。自然资源是有限的，资源的恢复是有周期的，我们要尊重自然规律，利用好自然规律，让自然资源得到科学合理的分配。

麻雀对家乡的眷恋，令我们肃然起敬；我们每一个人都要向麻雀学习，无论家乡贫困、富裕，我们都不能忘记，那里有我们的血脉亲情，那里有我们热爱的故土，纵使他乡有无数的诱惑，我们作为中国人也不应该动摇那颗有良知、爱家乡、爱祖国的“中国心”。新中国成立之初，一大批爱国科学家放弃国外优厚的条件和待遇，毅然回到当时积贫积弱的祖国，投身祖国的建设。正是因为有他们，新中国的科学事业群星璀璨，蒸蒸日上，他们永远是当代人学习的榜样。

根据中国科学院建院初期的统计，新中国成立时，侨居国外的科学家人数有5000余人，到1956年底，有近2000名科学家回到了祖国，其中有钱学森、邓稼先、华罗庚、马大猷、余瑞璜、张钰哲、陆学善、周同庆、葛庭燧、汪德昭、张文裕、张宗燧、纪育沣、吴学周、恽子强、马文昭、叶桔泉、刘崇乐、肖龙友、吴英恺、张锡钧、张肇骞、陈文贵、尹赞勋、张文佑、裴文中、黄家驷、盛彤笙、梁伯强等。

二、乌鸦

乌鸦，雀形目鸦科鸦属中数种黑色鸟类的俗称。又叫老鸹，嘴大喜鸣叫。主要栖息于低山、平原和山地等各种类型的森林中。大多为留鸟，集群性强，一群可达几万只。行为复杂，表现有较强的智力和社会性活动。乌鸦终身一夫一妻。

乌鸦是人类以外具有一流智商的动物，其综合智力水平与家犬相当。乌鸦也是人类以外的动物界中，具有使用工具、制造工具的能力并能达到目的的动物，它会借助石块砸开坚果，还能够根据容器的形状准确判断所需食物的位置和体积。譬如：“乌鸦喝水”的故事就是真实的体现。

乌鸦在中国民俗文化中是有吉祥和预言作用的神鸟，有“乌鸦报喜，始有周兴”的历史故事。唐代之后，却出现乌鸦主凶兆的说法，如，唐段成式《酉阳杂俎》:“乌鸣地上无好音。人临行，乌鸣而前行，多喜。此旧占所不载。”无论是凶是吉，乌鸦被儒家当作以自然界的动物形象来教化人们“孝”和“礼”的案例，乌鸦的“孝鸟”形象几千年来一直未变。有关乌鸦的赞颂和传说有许多，下面引用一二。

《本草纲目·禽·慈乌》

此乌初生，母哺六十日，长则反哺六十日，可谓慈孝矣。

《慈乌夜啼》

［唐］白居易

慈乌失其母，哑哑吐哀音。
昼夜不飞去，经年守故林。
夜夜夜半啼，闻者为沾襟。
声中如告诉，未尽反哺心。
百鸟岂无母，尔独哀怨深。
应是母慈重，使尔悲不任。
昔有吴起者，母殁丧不临。
嗟哉斯徒辈，其心不如禽。
慈乌复慈乌，鸟中之曾参。

乌鸦和狐狸的故事

乌鸦好不容易找到了一块肉。她叼着肉飞回来，准备给孩子们当晚餐。当她在窝旁的树枝上稍作休息时，遇到了坏邻居狐狸。狐狸想吃乌鸦嘴里的肉，就用甜言蜜语奉承乌鸦，还说她的歌声非常动听。乌鸦高兴极了，张嘴就唱，结果那块肉“啪”地掉下去了……

过了几天，乌鸦又幸运地找到了一块肉。她衔着肉，习惯性地在家门口的树枝上稍作停留。这时，那只狐狸又来到树下。乌鸦想，这回凭他好话说得天花乱坠，我也不会上他的当了。谁知，狐狸却突然开口大骂起来：“你这只难看的臭嘴婆娘，谁见谁倒霉的丧门星。看啊！你那一身丧服的模样，就像刚从煤堆里钻出来一样，叫人看了作呕！还有你那破嗓子，比驴叫还难听，谁听了谁晚上做噩梦……”乌鸦没料到狐狸会来这一手，听着听着，气得浑身发抖。这次，她刚开口回骂，肉就从嘴里掉下来。狐狸叼着肉，一溜烟地跑了。

几天后的一个中午，乌鸦再次寻到一块肉。这次，她站在树上最显眼的位置上左顾右盼，巴不得狐狸早点出来。她想，这次不论你狐狸是说好听的，还是骂难听的，就是一概不理，看你能有什么办法？哈哈，馋死你这个坏狐狸！闻到香味，狐狸又从家里钻出来，来到树下。可这次，他只是斜着眼睛看了一眼乌鸦，什么也没说，就在树下躺了下来。乌鸦从看到狐狸出来起，神经就一直绷得紧紧的，就等着看狐狸出什么招，可等啊等啊，狐狸就是懒洋洋地躺着，连看都不再看她一眼。“这是怎么了？怎么会这样？”乌鸦简单的脑子转了很多个弯，就是没想明白，“难道狐狸改变习性，不喜欢吃肉了？他诡计多端，应该千方百计弄到我嘴里的肉才对啊！我一定要弄个明白……”“喂！狐狸……”乌鸦实在等得心烦，想开口问问狐狸到底怎么了。谁知这一开口，肉又掉了下去。狐狸哈哈一笑，叼起肉，慢悠悠地走了……

乌鸦与鸽子的故事

有一只乌鸦打算飞往东方，途中遇到一只鸽子，双方停在一棵树上休息。鸽子见乌鸦飞得很辛苦的样子，关心地问：“你要飞到哪里去？”乌鸦愤愤不平地说：“其实我不想离开，可是这个地方的居民都嫌我的叫声不好听，所以我只好飞到别的地方去。”鸽子好心地告诉乌鸦：“别白费力气了！如果你不改变你的声音，飞到哪里都不会受欢迎的。”

乌鸦的经历告诉我们，尽管乌鸦反哺、乌鸦和狐狸、乌鸦与鸽子的故事只是传说和寓言，但也是千百年来劳动人民从大自然中体会到的朴实道理，大道至简大概就是如此。

乌鸦反哺教育人们，“身体发肤，受之父母”，父母将我们带到这个世界上，又辛辛苦苦地把我们养大。孩子成长的过程中，多少父母都经历了孩子生病日子里的忧心如焚、夜不能寐；多少父母宁愿自己省吃俭用也得让孩子吃饱穿暖；多少父母为了给孩子一个更好的生活环境，常常身兼数职、废寝忘食、忘我工作。“谁言寸草心，报得三春晖”，孩子长大后，要回报父母的养育之恩，赡养和孝敬父母。既为人子，对父母行孝道应是最起码的行为标准。

乌鸦和狐狸的三个故事告诉我们，人们在社会生活中常常会遇到与乌鸦相似的处境，当我们取得成果时，无论遇到奉承、嫉妒还是谩骂，都要宠辱不惊，保持清醒的头脑，冷静地处理所遇到的问题，才有可能立于不败之地。

乌鸦与鸽子的故事让我们明白，如果一个人有缺点却始终不改，同样也可能会毁了他的一生。看问题要抓住本质，所以，我们要闻过则喜，认清自己，及时改正自身缺点，不断完善自我，才能成为受人尊重和欢迎的人。总之，改变目标不如改变方式，改变环境不如改变自己。适者生存，不适者淘汰，是自然进化的普遍规律。

三、比索鸟和华庭鸟

比索鸟和华庭鸟生活在亚美尼亚森林里。这两种鸟都喜欢吃绿毛虫。每到秋天，它们便会吃下大量的绿毛虫以储存能量抵抗冬天的寒冷。然而，由于比索鸟和华庭鸟食量巨大，秋天还没过半，它们所在区域的绿毛虫就越来越少，逐渐就吃不饱了。这时两种鸟便会表现出截然不同的两种应对方法。

比索鸟开始远飞找食。按理说，它们勤快地找食，身体能量应该越存越多。可现实情况是，比索鸟每天都很疲惫难堪，就像得了病。这是因为它们长途奔波十分劳累，吃掉的虫子很快便被消化掉了，能量根本储存不起来。到了冬天，比索鸟由于缺乏能量，常常会大量死亡。

华庭鸟的表现与比索鸟截然相反，它们并没有飞远，而是靠数量极少的绿毛虫为食，干起植树的活。因为绿蔓树十分容易成活，华庭鸟便开始合力折绿蔓树的枝条，插在地上，用不了多久，树枝便会扎根成活，抽出嫩叶，嫩叶特殊的香味吸引了许多绿树蝶在上面产卵，不久后一条又一条绿毛虫便爬满了枝叶，华庭鸟便又开始新一轮的美餐。因为食源充足，华庭鸟身体里储存了大量的能量，冬天来临后，它们有了强大的抵抗力，于是存活下来。

比索鸟远飞觅食并没有给它带来好运，华庭鸟就地取材，运用智慧，最终得以生存。愚昧的人遇上困难，总是不假思索，舍近求远，东奔西忙地寻找，到头来很可能会竹篮打水一场空。聪明的人在困难的时候，能面对现实，脚踏实地，因地制宜，在脚下种植希望，终究会使他们的生活柳暗花明。

比索鸟和华庭鸟遇到同样的问题，由于采取了不同的对策，其结果截然不同。这个故事告诉我们，不同的处世哲学有不同的生活方式、不同的生命结局。

四、鹰

鹰，鸟纲隼形目鹰科，猛禽类动物，多数以老鼠、蛇、野兔或小鸟等小型动物为主要食物；有些大型的鹰科鸟类，如雕，可以捕捉山羊、绵羊和小鹿。鹰在自然进化过程中形成了特殊的身体结构，鹰具有特殊的视觉器官，即使在千米以上的高空翱翔，也能看清地面上的猎物；鹰有一副锐利的爪，便于捕捉动物和撕破动物的皮肉。鹰的喙大，胃肠发达，消化能力强，进入肚子里的老鼠，很快就被消化得精光；鹰有一副强壮的翅膀，可以轻易越过 7000m 以上的山峰。

在希腊神话中，鹰是众神之王宙斯的传令鸟，给人一种威严的感觉。欧洲许多民族继承了这一传统思想，把鹰当作力量和实力的象征，体现了一种强势，代表主战。同时，鹰还象征着勇猛、热情、朝气蓬勃，因此，罗马人把鹰看作是“朱庇特之鸟”，美国把双翼伸展的白头鹰当作国家的象征，曾经称霸欧亚的拜占庭帝国把双头鹰当作他们的国徽。

老鹰的重生

老鹰的年龄可达 70 岁，是世界上寿命最长的鸟类之一。老鹰到 40 岁时，身体发生很大变化，爪子因老化不能有效地抓住猎物，喙变得又长又弯，快要碰到胸膛，翅膀的羽毛变得又浓又厚，十分沉重，飞翔都非常吃力。此时，老鹰有两个选择：其一，等死；其二，经过一个痛苦的过程，浴火重生。如果选择重生，它必须在悬崖峭壁上选一个安全的环境筑巢，待在那里，不能飞翔；用自己的喙撞击岩石，让它脱落；待新喙长出之后，把自己的指甲逐一拔掉；利用自己新长出的指甲将翅膀上的羽毛一根根拔掉，5 个月后，新羽毛长出来，蜕变过程结束，老鹰才可以回到蓝天重新翱翔，生命又得以延续，开始另一个精彩的 30 多年。

老鹰一定是老鹰

美国加州的著名棒球运动员亨利，在一次偶然的机会发现老朋友鸡舍中有一只奇怪的“鸡”。老朋友告诉他，这是在一次打猎时捡到的一枚鹰蛋孵化出来的小鹰，于是亨利就想从老朋友那里把这只雏鹰买下放飞蓝天。老朋友对亨利的做法感到很奇怪，他说这只雏鹰从出生就与鸡为伍，在它的内心自己就是一只“鸡”，它怎么能像雄鹰一样翱翔呢？但是亨利不这么认为，他回想起自己小时候参加棒球比赛的经历，如果不是父亲力排众议一直支持和鼓励他参加棒球运动，他也不会在棒球运动上取得佳绩。

亨利带着雏鹰来到草原上，举起雏鹰放飞，但是，长期与鸡生活在一起的它根本没有意识到自己能有飞翔的本领，惨叫了一声重重地摔在了地上。望着紧紧抓住自己胳膊的雏鹰，亨利想起了小时候的自己，当他击球失败时，所有人都在嘲笑他，只有他的父亲一直鼓励他，告诉他相信自己一定能行。于是，亨利将雏鹰带到悬崖边，望着胆怯的雏鹰说，鹰啊鹰，你本属于蓝天；飞翔于悬崖与峭壁之间，应该是你的追求，不要为了眼前的一两颗谷子裹足不前！说完，将雏鹰抛下了悬崖。雏鹰此刻意识到，如果不再振翅飞翔，自己马上就葬身崖底了，出于求生的本能，它挥起了自己的翅膀，终于飞了起来，冲向蓝天。

人生也是如此。人在成长过程中也要经历学习知识、积累知识、运用知识、开花结果、独孤求败。但是多数人，只能走到第三个阶段，少数人会进入第四阶段，只有极少数人才能达到巅峰——独孤求败。而达到第五阶段的人，哪一个不是经历了无数的磨难、曲折，才到达光辉的顶点。无怪乎，孟子曰：天将降大任于斯人也，必先苦其心志，劳其筋骨，饿其体肤，空乏其身，行拂乱其所为，所以动心忍性，曾益其所不能。

人生道路上，大家都把自己一生中有幸遇到一个良师益友，作为人生幸事。常常感叹，千里马常有，而伯乐不常有。其实，人生道路上机遇很多，关键在于自己有无理想、有无追求目标的勇气、有无真才实学。就像亨利，虽然喜欢棒球，但是周围的人都认为他不行，但是他有一颗恒心、有一个好父亲，在父亲的鼓励下，经过自己的不懈努力，最后取得了优异成果。伯乐固然重要，但是自己没有真本事，就是遇到千百个伯乐也是枉然。就像故事中的雏鹰，它自从出生就与鸡在一起，没有飞起来的意识，若非遇到亨利，即使它有翱翔蓝天的翅膀，也只能与鸡为伍。它告诉我们，人生当中眼界、境界很重要，伯乐往往是会出现在有准备的人面前。所谓的伯乐和良师，也是帮助你开阔视野、指点迷津的人，实现理想的道路还必须靠自己过硬的本领，脚踏实地地去走。

多数人一生都要经历磨难、不断历练，对于善于思考的人来说，这是人生宝贵的经验、巨大的财富。也正是这样的经历，方使人心智得以成熟，意志得以磨炼，性格得以锤炼，素养和品格得以升华。正所谓“不经历风雨，何以见彩虹?”成长意味着脱离幼稚，走向理性，具备了处理复杂问题的能力。成熟的人，善于冷静、客观地思考，遇到问题不会浮躁、盲从，往往会作出明智的判断；遇到低谷，心态平稳，勇于面对，坚定目标，锲而不舍，方能走出困境；正所谓驽马十驾，功在不舍；锲而不舍，金石可镂。处于高位时谨言慎行，谦逊礼让，心智清明，潜心修身。只有这样，我们才能放下自己，胸怀谦恭，不断学习新的技能，认识自己，改变自己，逐步成长，发挥自己的潜能，创造新的未来，实现自己的理想。

第四节 ●○ 昆虫的启示

一、苍蝇

苍蝇，节肢动物门昆虫纲双翅目蝇科。苍蝇是完全变态的昆虫，它的生活史可分为卵、幼虫、蛹、成虫四个时期，虽然苍蝇的寿命只有 1 个月左右，但是它的繁殖力很强；苍蝇是杂食性蝇类，是白昼活动的昆虫，具有明显的趋光性，夜间则静止栖息。苍蝇身上携带有 60 多种病原体，可以传播多种疾病，如：禽流感、口蹄疫、猪瘟、禽多杀性巴氏杆菌病、禽大肠杆菌病、球虫病等，对畜禽养殖有重要的影响。苍蝇还可以传播多种人类的传染疾病。

苍蝇在自然进化中形成了适宜飞行的特殊外骨骼和飞行肌，飞行时用的是“8”字形运动振翅，可以使翅膀周围的空气形成漩涡状气流，把空气的阻力变成飞行的动力，帮助苍蝇飞行；苍蝇头部有复眼，能 360° 感知周围的环境，身上的体毛也能感知空气流动性的改变，感知到威胁后，能在 100ms 内做出反应，选择最佳的逃跑角度和路线。

1. 苍蝇的益处

苍蝇虽令人生厌，但它确有独特之处，如苍蝇幼虫是腐生物的分解者；成虫嗜甜食，可代替蜜蜂进行授粉。在临床医学上，活蝇蛆可接种于伤口，清创杀菌、促进愈合。

苍蝇饿则求食，饱则安息，它们虽无丰厚之积累，却能劳逸有度，怡然自乐，活得自在。这就是它对人类精神生活的贡献，即人要劳逸结合，张弛有度，快乐生活，快乐工作，快乐学习，快乐科研，知足常乐。

2. 苍蝇的灵活

美国康奈尔大学威克教授曾将苍蝇放入一个敞口瓶中，只在瓶的底部有光照射，发现苍蝇会不停地飞动，经过多次尝试后，所有的苍蝇都能飞出去。原因是苍蝇并不只朝着一个固定方向飞，而是朝多个方向尝试，行不通便立刻改变方向，虽然经历了多次碰壁，但最终顺着瓶口飞出，获得自由。这就是苍蝇的灵活。

苍蝇成功的经验告诉我们：成功的秘诀就是在实践中尝试、改变、再尝试、再改变，百折不挠，最终达到目标。现实生活中，有许多不可预期、不可想象，随时会撞上的“玻璃之墙”。只有不断尝试，随机应变，才能走向成功。反之，当思维限于经验主义，墨守成规，思维僵化，创造力便会窒息，人就会止步不前甚至倒退。人的一生有许多困惑，但往往并不是外界环境真的限制了我们，让我们无路可走，而是我们自己给自己的思想与灵魂上了一把枷锁，囿于教条主义和经验主义，自己把自己圈禁起来，使得我们难以从困境中突围。

思维方式影响做事的目标和方向。正确的思维来源于科学的认知和判断，而科学的认知和判断又来源于学习和实践。所以，我们要想把事情做好，就必须勤于学习、善于实践、善于总结、善于思考。人要做出一番成就，必须要有创新思维。创新思维是正确思维的升华，是思维方式更高级的表现，只有树立创新思维，才能破除经验主义、生搬硬套等僵化思维的束缚，敏锐地在变化中捕捉创新的亮点，寻求发展的新途径，最终取得主动，走向成功。

3．苍蝇的绝技

苍蝇能在天花板上倒挂行走，能在光洁的墙壁上爬行。原因是其脚上布满了细小的绒毛，绒毛能产生具有一定黏附力的胶状物。苍蝇脚上还有一对小爪，当想离开的时候瞬间就可以使它的脚与墙壁分离。

苍蝇善于飞翔，翅膀以特定的频率、特定的方式进行机械振动，保持平衡，调节方向，快速飞行。据此原理，人类研制成新型陀螺振动导航仪，改进了飞机的性能。苍蝇复眼包含4000个可独立成像的单眼，能看清几乎360°范围内的物体。据此，人们制成了高分辨率的复眼相机。苍蝇头部有上百个嗅觉神经细胞，能把不同气味刺激转变成不同的神经电脉冲，区分出不同气味的物质，灵敏地嗅到千米以外的气味。电子鼻和气体分析仪就是在它的启示下发明的。苍蝇体内含有一种特殊的抗菌活性蛋白，其杀菌能力要比青霉素强千百倍，这为人们研制具有强大杀菌力的抗菌物质提供了思路，人类一旦掌握了其机理，将会给健康带来巨大福音。

仿生学方兴未艾，人类正在不断地向苍蝇学习，如其在空中突升突降、急转调头等高超的飞行本领，给现代航空学提供了很好的范例。迄今为止，人类还没有任何一种飞行器可以与灵巧的苍蝇相媲美。自然界的动物都有自己的绝技，绝技是动物生存的基本方式，每种动物的绝技对人类的科学发现和技术发明都有重要的启示。同样，每一个人也应该有自己的生活技能，技能源于学习，源于积累，源于创新。当今社会，人们只有不断学习，与时俱进，掌握新技能，才能立足于社会，不会被新时代所淘汰。苍蝇仿生学的研究成果，极大地推动了人类的科技创新，丰富了人类的物质生活。小小的苍蝇尚能有如此贡献，何况人乎!

4．苍蝇的进化

只要提起苍蝇，人们就会想到它的肮脏，恨不得把苍蝇赶尽杀绝。可是，这样的一种形象，却登上澳大利亚50元的钱币，甚至悉尼奥运会还放飞了苍蝇吉祥物。为什么令人深恶痛绝的苍蝇，在澳大利亚享受到如此礼遇?原来，澳大利亚的苍蝇，早已不是疾病传播的载体，而成为名副其实的传授花粉的“劳模”。两百多年来，为杜绝苍蝇传播疾病，澳大利亚人积极行动起来，把所有藏污纳垢之处彻底清除干净，使苍蝇无处逐臭，苍蝇的生存环境受到了严重的威胁。然而，苍蝇没有绝望，为了活下去，苍蝇不断适应环境，不断进化，最终彻底改变吃腐臭食物的陋习，转为以吸食花蜜和植物汁液为生，与勤劳的蜜蜂一样传花授粉。

又如盖尔格莲群岛的苍蝇没有翅膀，会飞的苍蝇在这里难得一见。原因是该岛风大，会飞的苍蝇一飞起来就立刻被风吹到海里死去，只有自然进化出的没有翅膀的苍蝇才能得以生存。苍蝇通过适应环境改变了自己的命运。同样，当环境发生变化时，人更要因地制宜适应环境。环境进化人，环境改变人，环境造就人。当客观环境难以改变时，不应抱怨，更不应感到绝望，要适应环境，办法总比问题多。环境不能改变，就只能改变自己，转变思路，与时俱进，下决心练就适应环境的能力，不断提升自身技能，就会绝处逢生，赢得成功。

人生虽然短暂，多数人不一定会成为富人、名人、伟人、圣人，但他一定要做一个真实的人、善良的人、积极向上的人、懂得生活的人；一定要做一个有益于自己、有益于家庭、有益于社会、有益于国家的人，这样的人生才有价值和意义。

二、蜜蜂

蜜蜂，昆虫纲膜翅目蜜蜂科。蜜蜂为社会性昆虫，由蜂王、雄蜂、工蜂等个体组成。蜜蜂在华夏大地已生存了几千万年，在与中华民族数千年的历史长河里结下了不解之缘。人类从认识蜜蜂、饲养蜜蜂，到研究蜜蜂、利用蜂产品的过程中，形成了丰富多彩的蜜蜂文化，并渗透到人们的衣、食、住、行及文学艺术、宗教、民俗、医药等各领域；蜜蜂与大自然共存、与花草同生，勤劳勇敢、繁衍不息，给人类以启迪，已经形成了中华民族光辉文化的一部分。

1．蜜蜂的组织观念

蜜蜂是主要由蜂王、雄蜂、工蜂组成的，以群体方式生存、生活的生物，常被称为“蜜蜂王国”。蜂群是一个有机整体，群内法规严明，上下统一，分工协作；各成员之间信息灵通，相辅相成，群策群力，共同维系着蜜蜂王国的勃勃生机。蜂群为其成员提供了劳动、生活的必需条件和生活保障，在群体的庇护下每一只蜜蜂都在发挥着各自的本领，尽情享受着生命的乐趣。任何一只蜜蜂一旦脱离群体，不但一事无成，而且随时有生命之忧。

蜂群中工蜂负责采蜜，采蜜是蜜蜂的一种本能，也是其一生的重要工作。工蜂的采集行为是有组织有计划的，不同的时间、不同的蜂群采集的花蜜、花粉是不一样的，采集水和采集蜂胶也由不同的蜂群来担任。蜜蜂的活动是一个统一部署、各司其职、协调行动的集体行为。

蜜蜂的组织管理告诉我们，集体的力量大于个人，集体的智慧不是个人所能及的。尤其是科学研究，一个科学研究团队，学科结构合理，年龄结构均衡，他们就有发展潜力；只要大家团结一致，齐心协力，达到目标、取得成果不是遥远的事情。

2．蜜蜂的聪明与好学

蜜蜂虽然是昆虫，但是它们在没有文字、没有教科书的情况下，凭借言传身教，把酿蜜技艺能很好地代代相传。蜜蜂酿蜜是一项复杂的工艺，包括原料和辅料选择、发酵和糖化技术、保湿恒温技术等。蜂蜜味道甜美、营养丰富、无菌无毒、长期保存而不坏。如果不懂得学习，它们怎么会酿造出如此高质量的产品？可见，蜜蜂的祖祖辈辈和子子孙孙都是聪明、好学、勤学、苦钻的劳动者。

我们生活中也是如此，无论什么人，什么时代，只要勤学、苦练，终究会获得生存的技能，取得应有的成就。

3．蜜蜂的勤劳与敬业

在百花盛开的时候，蜜蜂早出晚归、废寝忘食、不辞劳苦，不停往返于花丛和蜂巢。有人做了统计，一只蜜蜂每次只能采花蜜约 6.25mg，在零损耗的情况下，蜜蜂酿造 10g 蜂蜜需要在花丛和蜂巢之间往返 1600 次，假定花丛同蜂巢的平均距离为 2km，那么一只蜜蜂酿造 10g 蜂蜜至少要飞 3200km。实际上一般蜜蜂采集范围为 2～3km，最大时竟可达 7～8km，同时花蜜酿造蜂蜜损耗也是非常大的。由此可以看出，蜜蜂凭借嘴含和脚沾，历尽千辛万苦，才能完成任务。然而，它们靠的是什么呢？靠的是使命感，靠的是自觉，靠的是热情，靠的是责任，靠的是忠诚，靠的是敬业。蜜蜂的勤劳和敬业精神，实在令人钦佩，在动物界除了牛和马，其他任何动物都比不上。

蜜蜂的勤劳与敬业让我们认识到：任何事业，要想做得好，离不开勤劳、坚持、敬业、奉献，只有付出才能有收获，付出越多收获更大成果的机会就越大，实现理想目标的概率也更大，不付出，则是一点机会也没有。

4. 蜜蜂的智慧与远见

蜜蜂不仅蜜酿造的好，建筑技艺更是高超，建造力学结构最佳的六角形巢房，科技含量非常高。但它们从来不把筑巢业当作自己的支柱产业，在它们的心目中，制造业（酿蜜）才是支撑起蜜蜂家族富裕和强盛的唯一产业。蜜蜂有远见卓识，它们懂得动物界弱肉强食的竞争是多么惨烈，谁有稳定的产业，谁就会站稳脚跟，占据有利地位，种群就会强盛；反之就会被淘汰。动物界的竞争，主要是资源的竞争，如果把大量的时间投入筑巢业，就会耽误酿造业的时间，资源的占有率就会下降，种群的生存就会受到威胁。蜜蜂的“支柱产业”观，堪称是远谋深虑，远比那些鼠目寸光的老鼠高明许多。

蜜蜂酿造的蜂蜜不仅自吃，还要赠送给人类，是动物界的殷实之家。它们不祈求上天的恩赐，不依赖别人的施舍，靠它们自己的远见卓识、聪明智慧和勤劳勇敢，活得自然、潇洒。

蜜蜂的智慧启迪我们，无论在任何时候都要有远见卓识，都要看清形势，知己之所长，知己之所短。不能只顾眼前利益，捡了芝麻丢了西瓜，因小失大。

5. 蜜蜂的团结与勇敢

蜜蜂视家园安危重于自己的生命，在外敌入侵时，万众一心，团结一致，群起而攻之，显示了强大的团队精神。在与敌人的斗争中，个个勇敢地冲到前线，从不退缩，它们视死如归的献身精神，真是可歌可泣。它们就是靠敢打敢拼、敢于献身的勇气和决心战胜敌人，保卫家园。

因此，任何时候、任何民族都要保持团结，保持自己的文化特色，要有自己的凝聚力。只有这样，民族才能强盛，才能始终立于不败之地。

6．蜜蜂的呆板

美国康奈尔大学威克教授曾将蜜蜂放入一个敞口瓶中，同样只在瓶的底部有光照射，发现蜜蜂只是朝有光处不停飞动，并屡屡撞击瓶底。最后当它们明白永远都飞不出这个瓶底时，便不愿再浪费力气，而停在光亮的一面，奄奄一息，最终死亡。

蜜蜂的失败告诉我们，遇到困难要变通，不能一味遵循刻板的法则行事，过去的成功经验也有可能变成失败的原因。在这一点上，蜜蜂应多向苍蝇学习。

7．蜜蜂的协作

蜜蜂是变温动物，其体温随环境温度变化而变化。当蜂巢温度降到13℃时，蜜蜂在巢内互相靠拢，结成一个球形，温度越低结团越紧，蜂团的表面积缩小，密度增加，以防止降温过多。在最冷的时候，蜂球内温度仍可维持在24℃左右。同时，它们还用多吃蜂蜜和加强运动来产生热量。当蜂球外表温度比球心低时，每过一段时间，处在球表面的蜂向球心钻，而球心的蜂向外转移，靠不断地交换位置来保持温度和得到食物，这样可保持球体内的温度，安全越冬。

“凝球越冬”是蜜蜂团结协作的智慧。同样，人要想成就大业也要融入集体。集体主义是人类的顶级智慧，团结就是力量，团结可以带来新活力，是人类生存的有效方式，是社会稳定发展的基础。所以，人要学会团结和协作，要热爱集体和国家。

8．蜜蜂的坚守

蜜蜂是一种过集体生活的昆虫，一群蜜蜂通常由一只蜂王（雌蜂）和许多工蜂以及少数雄蜂组成。它们的形态和职能虽各不相同，但它们分工合作，互相依存。蜜蜂从春到秋，忙碌不息，承担着采粉、酿蜜、筑巢、喂养、清洁环境、保卫蜂群等工作。蜜蜂的勤劳和任劳任怨是蜂群和谐的基础。

中华民族优秀传统里就有勤劳光荣、勤劳致富、勤劳和谐、勤劳幸福的传承。勤劳是美德传承，这种美德不但能陶冶情操，更能给世界带来幸福。坚守即毅力，它是人勤劳的前提，是人内在的品质；勤劳是坚守的外在表现形式，勤劳的人必然是坚守的人。坚守的人一定是有理想的人，一定是勤于学习的人。

即学习产生理想、理想促人坚守、坚守让人勤劳、勤劳方能幸福，故幸福的源泉是学习。总之，人生有五要点：学习、理想、坚守、勤劳、幸福。

爱因斯坦预言，如果蜜蜂从地球上消失，人类仅能存活四年，因为在人类可利用的 1330 种植物中有 80%需要蜜蜂授粉。我们暂且不讨论爱因斯坦预言的准确性，但是它告诉我们蜜蜂对于自然环境和人类的重要性。蜜蜂对于植物的花粉传播起到至关重要的作用，植物的光合作用是地球上把太阳能转化为糖类储存起来的唯一途径，是人类物质和能源的最初来源，是地球生物链的基石。

三、蚂蚁

蚂蚁，昆虫纲膜翅目蚁科，蚂蚁是所有蚂蚁种类的统称。蚂蚁种类很多，全世界约有 15000 种，我国已知的种类有 300 多种（王林瑶等，1995）。蚂蚁食性广，对动植物均能取食，尤喜蚜、蚧虫分泌的“蜜露”（金福，1999）。

1．蚂蚁的聪明与智慧

蚂蚁营群居生活，它们之间依靠气味来进行交流。蚂蚁如果发现了食物，就会回巢报信，在食物周围及回巢的沿路留下气味，以便其他蚂蚁循着气味找到食物，其他蚂蚁在获取食物的沿路会不断加强气味，直到食物被全部搬完为止。报信的蚂蚁途中如遇到同伴，它们会用触角互相碰撞，通过气味信息传递食物的体积大小，存在的方向和位置，以及通向食物的路径。蚂蚁在遇到危险后，会发出一种强烈的气味予以警告同伴，特别是身体被破碎之后，会发出警示信息更强的气味，引起同伴的警惕。“传递信息”成为蚂蚁生活中不可缺少的最关键的一部分。

蚂蚁是一种食性广泛的生物，它能在食物单调的时候通过“饲养”“放牧”，调节食物结构，这在生物界还是比较少见的。蚂蚁喜食甜食，蚜虫、介壳虫、白蜡虫和小灰蝶幼虫都是它们的“座上宾”。每当遇到蚜虫，蚂蚁就会用触角轻触蚜虫肚皮，释放蜜露。为了能长期食用这种美味佳肴，蚂蚁会把蚜虫搬来搬去，在冬天蚂蚁会把蚜虫卵运到自己的巢穴内越冬，次年春天再搬到树上。这简直就像是人类在饲养家畜、放牧奶牛。

蚂蚁是一种分工严格的群居生物。亚利桑那大学的昆虫学家丹尼尔研究发现，无论蚂蚁巢穴看起来有多么的繁忙和系统化的运作，始终有 40%的蚂蚁在休息。进一步观察发现，蚂蚁是在轮流休息，它们是在储备精力，当遇到额外的劳动或战争时，这些储备的力量即可倾巢而出。小小的蚂蚁就懂得科学分配和忧患意识，优化体力，始终保持群体的最高效能；善于储备，未雨绸缪，遇到危险时会把储备力量调动起来，始终保持最强的战斗力。

2. 蚂蚁的寿命与力量

蚁群由蚁后、工蚁和雄性蚂蚁组成。蚁后和雄性蚂蚁负责繁衍后代，工蚁主要负责寻找食物、守护蚁穴和内务家政。蚂蚁的寿命比较长，大多数工蚁的寿命约为 1～3 年，极少部分可达 7 年， 蚁后寿命最长可达 20～30 年。但一只离群的蚂蚁只能活几天。这是由于蚁群内部分工明确、各司其职、相互依存的群体结构。任何一只个体，离开集体生存的概率就会大大减少，这与人类进化的初期很类似，单个个体很难适应恶劣的环境，三五成群地聚集在一起，抵抗环境的能力增强，获取食物的机会增多，生存的概率也大了许多，由个体到群体，以及到现在的以家庭为单位的社会化群体，是人类社会文明从生存阶段到文明阶段的进步，也是人类社会自然进化的必然结果。

蚂蚁的身体结构很复杂，尤其是腿部肌肉。科学家们做了大量的实验，发现蚂蚁腿部肌肉是一部高效率的“发动机”，它由大小数十亿台微妙的“小发动机”组成，“发动机”的燃料是三磷酸腺苷即 ATP，ATP 能直接把其蕴含的能量释放出来，转变为机械能，其转化效率达到 80%以上，蚂蚁体内肌肉所占的比重比人类高得多，肌肉所占比重越大力气就越大，这就是“蚂蚁大力士”的奥秘。

一只蚂蚁能够举起超过自身体重 400 倍的东西，还能够拖运超过自身体重 1700 倍的物体。哈佛大学昆虫学家马克莫费特的实验发现，10 多只团结一致的蚂蚁可以搬走超过他们体重 5000 倍的重物，相当于平均体重 70kg 的 10 个彪形大汉合力搬运 3500t 的重物，平均每人搬运 350t。由此看出，在大自然中，人类并非最强壮的生物，许多动物都表现出了超凡力量，有的甚至能够举起自身体重上千倍的重物，蚂蚁是自然界当之无愧的“大力士”。

蚂蚁外出寻找食物，即使走很远的路，从不迷途，总能按时返回，蚂蚁是聪明的；蚂蚁会饲养动物，这是蚂蚁的智慧；蚂蚁每天忙忙碌碌，不知疲倦，勤劳勇敢是本能的、愉快的；蚂蚁常常捕获体重比自己大得多的食物，总是齐心协力，从不言弃；蚂蚁分工严密，各司其职，和谐相处，高效有序，遇到强敌同仇敌忾，这是蚂蚁的团结协作。《旧约圣经》中这样写道：“去察看蚂蚁的动作，可以得到智慧。”美国学者吉姆 • 罗恩曾说：“多年来我一直给年轻人传授一个简单但非常有效的观念——蚂蚁哲学。我认为大家应该学习蚂蚁，因为它们有令人惊讶的四部哲学：永不放弃，未雨绸缪（事先做准备），期待满怀，竭尽全力。”

《伊索寓言》中有蚂蚁和蝉的故事，它告诉我们要向蚂蚁学习，只有勤奋劳动，才不会饿肚子；好逸恶劳的人结局往往是可悲的。我们应该勤奋学习，敢于吃苦，长大才有一番作为，实现自己的理想。这让我们想起《乐府歌词》中的“少壮不努力，老大徒伤悲。”所以，凡事都要预先有准备，才能防患于未然。

蚂蚁和蝉

冬天，蚂蚁翻晒受潮的粮食，一只饥饿的蝉向他乞讨。蚂蚁对蝉说：“你为什么不在夏天储存点粮食呢?”蝉回答说：“那时我在唱悦耳的歌曲，没有工夫。”蚂蚁笑着说：“如果你夏天唱歌，冬天就去跳舞吧！”

蚂蚁个虽小但却集聪明、智慧、团结、强壮于一身，有很多值得我们人类学习的地方。

四、蜉蝣

蜉蝣，昆虫纲蜉蝣目的通称，具有古老而特殊的形状，是一类原始而美丽的昆虫，起源于石炭纪，距今至少已有 2 亿年的历史。主要分布在热带至温带，全世界已知约 30～50 种，我国已知约 36 种。蜉蝣对生活的环境很敏感，特别是氧含量和 pH 值，如果一个地区污染比较严重，水体缺氧或呈酸性，蜉蝣将大量死亡。因此，蜉蝣也可以看作环境污染的一种标尺。

蜉蝣主要生活在淡水栖息地，以水中藻类、颗粒食物、水生无脊椎动物为主要食物。蜉蝣的一生经历卵、稚虫、亚成虫和成虫 4 个阶段，是昆虫中唯一有 2 个具翅成虫期（亚成虫与成虫）的类群。水生的稚虫要在数星期至 1 年或更长的时间内，经历 10～50 次的蜕皮才能进入亚成虫阶段，亚成虫经过蜕皮，变成成熟的成虫。蜉蝣的亚成虫形态类似成虫，但不如成虫活跃，亚成虫和成虫均不饮不食。成虫寿命极短，只能存活数小时，但它们全部时间都用来进行交尾，然后死去，故有“朝生暮死”之说。

生命对于不同的物种来说概念也是不一样的，有些物种可以活千年万年，而有的物种却是朝生暮死，甚至只有几十分钟的生命， 一盏茶的工夫就是一场生死轮回。生是付出，死是贡献，活着就是价值，都在例行自然的使命。蜉蝣就是这样，也许对于其本身来说，不需要什么意义。既然还活着，那就去做应该做的事，繁衍后代或许是它生命里最有意义的事。

蜉蝣生命虽然短暂，朝生暮死，却充分展示了其自身价值。与茫茫宇宙相比，人类的生命何尝不是沧海一粟、渺如烟尘。宋代苏轼《前赤壁赋》有“寄蜉蝣于天地，渺沧海之一粟。哀吾生之须臾，羡长江之无穷。”人的一生几十年，于几千年的大树和存在几十亿年的星体而言，人类的生命很短暂，但是，做人应当如蜉蝣，哪怕朝生暮死也要有昙花一现的美丽。

人的一生转瞬即逝，蜉蝣启迪我们，在短暂的有生之年应该为自己的国家、自己的民族，或者为自己身边的亲人留下一些有用的东西，做一些有益的事。

第五节 ●○ 蚊子的科学思考及启示

蚊子，是人类生活中一种常见的昆虫，属节肢动物门，昆虫纲，双翅目，蚊科。全世界共38属，4000余种。我国有记载的蚊科昆虫共18属，374种。蚊子与其他昆虫一样，整体可分为头、胸、腹三部分。胸部三节各有一对足，中胸背部有一对翅，后胸背部的翅退化为一对平衡棒。蚊子有一对复眼，两眼之间有一对触角，触角头上有轮毛。雌蚊轮毛疏而短，雄蚊则密而长。雌蚊触角上的短毛对空气中化学物质的变化有反应，对二氧化碳和湿度尤为敏感，在雌蚊寻觅吸血对象时起重要作用。蚊子头下部有一长喙，是蚊子用于吸血的刺吸式口器。雄蚊的口器退化，因而不能吸血，只能吸食植物汁液。雌蚊偶尔吸食植物汁液，但在交配后必须要吸食动物血。

蚊子的发育为完全变态，一生分为卵、幼虫、蛹、成虫四个时期，前三个时期生活于水中，成虫生活于陆地。雌蚊可把卵产于水面，两天后孵化成为水生的幼虫——孑孓（jiéjué）。孑孓以水中藻类为食，经历4次蜕皮后成长为蛹，漂浮于水面，最终蛹表皮破裂，成长为幼蚊，进入陆地。

蚊子虽然微不足道，但它吸人血、传染疾病，令人憎恨。但事物总是一分为二的，我们不妨从另一方面思考，看看蚊子到底能做出多少大文章？

蚊子会不会传染艾滋病毒呢？

艾滋病是一种严重的获得性免疫缺陷综合征，国际医学界至今尚无防治艾滋病的有效药物和疗法，因此也被称为“超级癌症”和“世纪杀手”，全世界每年有数百万人因此而死亡。蚊子叮咬艾滋病人自身会不会被感染？蚊子叮咬艾滋病人后会不会给人类传染艾滋病？

蚊子传播疾病的方式有两种，生物性传播和机械性传播。科学研究表明，HIV 病毒在昆虫体内很快会死亡，它与通过蚊虫叮咬而传播的微生物截然不同，HIV 病毒不能在昆虫体内繁殖，甚至不能生存。因此，即使 HIV 病毒进入蚊子或其他昆虫体内，昆虫也不会感染。所以，蚊子的生物性传播显然是不成立的。

蚊子吸血时会先由唾液管吐出唾液，它们的唾液有防止血液凝固和血管收缩的作用，再用另一根管吸入血液，蚊子的吐出与吸入都是单向性的，吸入的艾滋病患者的血液在下次吸血时并不会随着唾液吐出，所以正常人不会因为蚊子而染病。蚊子机械性传播艾滋病也是不可能的。此时，有人提出，蚊子在吸血时嘴角可能会有血液残留，那么该残留的血液有可能会成为传染源吗?其实，任何病原体造成疾病，都需要达到一定的数量，HIV 同样如此。蚊子嘴上残留的血液仅有 0.00004mL，正常人要被带有 HIV 病毒的蚊子传染至少需要 0.8mL 血液，如此计算，需要被蚊子连续叮咬 2000 多次才会有被感染艾滋病毒的风险。所以说，艾滋病并不能通过蚊子传播。

关于蚊子的研究国内外有很多。人们利用蚊子的特性制造出的“蚊子磁铁”，就是利用蚊子对空气湿度、CO_2 等化学气味敏感的特点，将蚊子吸引过来灭杀。2009 年 1 月 2 日《Science》杂志刊登了澳大利亚科学家利用寄生虫缩短蚊子寿命的研究成果。特别值得一提的是，历史上有 6 个诺贝尔奖的研究成果与蚊子有关。

一、蚊子的习性

雌雄蚊摄食习惯不同，雄蚊吸食植物茎、叶、果、花蜜的液汁；雌蚊偶吃，但是雌蚊交配后必须吸血，血液的营养会促使卵巢发育和卵子成熟，然后雌蚊到水源处产卵。雌蚊卵巢发育必须吸血，因此不断使得口器变长变锋利；雄蚊吸食植物汁液即可生存，因此口器退化，变短变钝。雄蚊远离动物，以植物汁液为食，往往寿终正寝；雌蚊叮咬动物，往往死于非命。

现实生活中，不同的人对蚊子的吸引程度不一样，这就是说蚊子也有“口味”。一般来说，蚊子对二氧化碳敏感，呼气量大的人，容易招惹蚊子。有人形象地比喻，二氧化碳对于蚊子而言就是开饭的信号。蚊子对化学气味敏感，新陈代谢旺盛的人，汗液中的分泌物比较多，格外吸引蚊子；青年人就比老人招蚊子；化妆后香气四溢的女性，化妆品中含有大量吸引蚊子的化学物质，化浓妆的女性也是特别招蚊子“喜欢”。蚊子怕光但又不喜欢光线太暗，最喜欢在弱光环境下吸血，当人们白天穿着深色衣服时，反射的光线较暗，所以白天穿深色衣服的人对蚊子来说恰恰是投其所好。另外，蚊子喜欢叮咬体温较高的人，而深色衣服的吸热能力强，使得诱蚊指数增加。

蚊子对血型也比较敏感，有的蚊子嗜吸A型血，有的嗜吸B型血。如传播疟疾的中华按蚊嗜吸B型血，传播黄热病和登革热的埃及伊蚊嗜吸O型血。生活中有的人很少被蚊子叮咬，究竟其体内有何特殊物质？他们的驱蚊机理一旦被科学家破译，就能够开发一种防蚊叮咬的疫苗或药物。为何蚊子在环境温度低于10℃的时候，就不咬人了？为什么在下雨前，蚊子咬人更猖狂了？它们是如何知道要下雨了？为什么北方人到南方或南方人到北方后，对当地的蚊子特别敏感？……由此可见，蚊子咬人的研究有待进一步深入。

我们一提到蚊子就认为蚊子都是吸血的，其实只有雌蚊才吸血。这告诉我们看待问题一定要全面，不可以偏概全，要具体问题具体分析。任何事物都是在使用过程中不断进步；如果很少使用，甚至束之高阁，功能必将退化，正所谓“用进废退”。为了生存需要，雄蚊选择植物汁液为食，同时对植物异花授粉，“利人利己”；雌蚊选择叮咬动物，往往传染疾病，甚至死于非命，“损人不利己”。这让我们联想到人类，为了生存，有人行善，有人作恶。行善者，功德无量，名垂青史，人民永远牢记；作恶者，恶贯满盈，遗臭万年，必遭历史唾弃。

科学研究中不是没有问题研究，而是没有发现问题。发现问题才能思考问题、研究问题，故发现问题最重要，即创新思想才是科研的前提。爱因斯坦说，提出一个问题比解决十个问题还重要。实践是理论的源泉，科学家应积极参加社会实践。自然界给了我们很多启示，只要我们注重观察自然、观察生活、认识自然、认识生活、勤于思考、勤于实践，就会不断从大自然和生活中发现科学问题，这样科研才不会成为无本之木、无源之水。

二、蚊子吸血的高超技术

蚊子的口器可不是简单的一根管，通过解剖就会发现，蚊子的口器有五部分，分别是：上唇、上颚、下颚、下唇，再加上可能起源于上颚体节的舌，其中涉及吸食和注射功能的有6根管，分别是上颚2根，下颚2根，上唇1根，舌 1 根。我们平常看到的“蚊子嘴”（下唇）其实像剑鞘一样，包裹着内部的 6 根管状结构，只有吸血时才会“亮剑出鞘”。在口器其他部分刺入皮肤时，它会折叠起来，但前端始终紧贴着皮肤，起到引导和辅助的作用。在刀鞘里面，上颚和下颚是蚊子刺入皮肤的主要工具。上颚细长尖锐如同西洋剑，下颚的末端长有“刀片”和倒钩，它既可以切割组织，也可以防止口器在深入皮下的过程中打滑。这些“长剑”不仅锋利，还有韧性。蚊子并不是每次都能百分百命中血管，但是它不像护士一样反复进针，而是通过上下颚在皮肉间自由地弯曲游走，找到合适的毛细血管。一旦找到了血管，口器中心位置的一对主要管道——舌和上唇就开始工作。舌负责“注射”，将蚊子的唾液从唾液腺中导出，注入人体，这也是蚊子叮人时真正有危险的一步——如果蚊子体内携带有蚊媒传染病之类的病原体，那么病原体也会随着唾液进入人体内，将疾病传染给人类。蚊子的唾液含有抗凝血和麻醉成分，这可以让它们在吸血的时候不那么容易被发现，也不用担心血液凝固的问题。上唇负责吸取，负责把新鲜血液从我们的血管送进蚊子的肚子。所以，蚊子吸血的时候，并不是用一根针在戳，而是用好几对灵巧的工具在做微创解剖、注射和抽血。

蚊子唾液中含有多种酶，包括抗血凝素、溶血素和凝集素等。蚊子吸血前先将含抗凝素的唾液注入皮下与血混合，使血变成不会凝结的稀血浆液，同时释放一种麻醉剂，麻醉周围的神经，使人没有痛感，然后开始吸食。蚊子的抗凝血物质是什么？蚊子释放的麻醉剂是什么？如何制备？可否用于医疗实践的麻醉和无痛注射中？这些都有待科学家进一步探索。

蚊子咬人看起来很平常，司空见惯。但是，深入仔细研究便可发现大量对人类有用的信息。因此，世上万事皆有用，所谓的“无用”是人类认知水平有限，是人类自大、无知的结果。

三、蚊子翅膀的特殊功能

多数昆虫是利用翅膀下拍和上拍的运动产生主要的支撑，达到展翅飞行的目的。蚊子拥有一对长而细的翅膀，以极快的速度挥动，挥动频率约为800Hz，翅膀挥动速度相对其尺寸而言较快，挥动角度小于 40°，不到蜜蜂的一半，与其他昆虫类群相比振幅还是比较小的。蚊子为何演化成不同于其他昆虫的飞行模式，大量科学家作了探索和研究。

英国皇家兽医学院 Richard Bomphrey 及同事通过研究表明，除了和大部分昆虫一样通过前缘涡流产生升力之外，蚊子还会利用后缘涡流捕捉前次拍翅剩余的能量来增强升力。蚊子独特的翅膀形状和运动，意味着它们的重量主要在每个半次拍动结束时翅膀转动的瞬间得到支撑。这样，反过来通过尾流捕捉在翅膀后缘产生的涡流，而尾流捕捉是一种昆虫通过重新捕捉在前一次拍动中损失的能量而获得额外升力的现象。蚊子采用后缘涡流以及利用翅膀转动产生的这样一种升力机制，可以理解为，蚊子在进化过程中形成的特有本领。蚊子异常高纵横比的翅膀（长而细）不利于飞行升空，但是蚊子的翅膀振动频率很高，再加上体内精密控制时间的翅膀转动机制，使蚊子沿翼展的空气动力达到最大化，得以在空中飞行，这是自然进化的结果，也是赋予人类的科学资源。

人们常说“上帝对你关闭一扇门，就会打开一扇窗”。蚊子的翅膀长而细不利于飞行升空，但是在进化中它形成了独特的翅膀运动方式，能够与其他昆虫一样在空中飞舞。在现实生活中，人生不可能总是一帆风顺，总是会遇到一些坎坷和磨难，所以我们应始终保持平常心、平和心来看待人生。因此，我们与其在关着的门前流连忘返，不如去开着的窗外寻找属于自己的天空。只要我们有积极的人生态度，在遇到挫折和困难时不轻言放弃，总会有“山重水复疑无路，柳暗花明又一村”出现的。一个人的得与失，是守恒的；在一个地方失去了一些，就一定会在另一个地方得到一些。“窗”代表的是“机会”“机遇”，上帝只救自救之人，也就是说，决定命运的人是自己。现实无法改变，但态度是自己心态决定的，所以，只要有个正确的心态，有一颗顽强、拼搏的心，人生道路上的一切艰难险阻都会自然迎刃而解。

四、蚊子与人类

蚊子最初生活在湖泊沼泽附近的森林中，吸食森林中野生动物的血液来繁衍后代，并不伤害人类，与人类互不相干。近代动物学与考古学家的研究共同证实，人类进入农耕时代以后，大量砍伐森林的过程中才与蚊子结缘。在蚊子的眼里，人类与其他动物没什么区别，它像叮咬森林中其他动物一样叮咬人类，继而在人类中出现了由蚊子传播的疾病。人类首先侵犯了蚊子的家园，然后才受到蚊子的侵扰，就像如今由于人类的粗鲁与傲慢，侵犯着自然界的生态平衡，受到大自然对人类越来越频繁的惩罚一样。

蚊子会传播哪些疾病呢？一般来说，蚊子传播的主要是血液中的病毒或者寄生虫，如：有较高后遗症的乙型脑炎，表现为高热、意识障碍、惊厥、强直性痉挛和脑膜刺激征；有较高死亡率的登革热和登革出血热，登革出血热以发热、皮疹、出血、休克等为主要特征；有经伊蚊传播的急性传染病，如黄热病；有经按蚊传播的疟原虫引起的常年可发、夏秋两季多见的传染性疾病疟疾；有仅在长江以南地区流行的丝虫病；有经白蛉（似蚊类小虫）叮咬而传播的黑热病；等等。不同蚊子传播不同的疾病，其中疟疾是严重危害人民健康和生命安全的重大传染病。

蚊子害处人尽皆知，然而“存在即合理”“一分为二”等哲学思想告诉我们，蚊子存在了几百万年必有其存在的意义。蚊子向动物传染疾病的过程同时也是动物自身进化的过程，它激活并加强了动物对一些传染病的免疫能力，使动物生存能力得到进一步提升。人类也是这样，在蚊子叮咬人的过程中有少量病菌进入体内，人体自身免疫系统作出反应，生成抗体的同时产生相应的记忆细胞，使人体在下一次接受同种或同类病菌时，及时作出免疫反应，人也有可能因此被救了一命。蚊子叮咬人和动物并传染疾病，在一定程度上起着平衡和控制自然界物种种群数量的作用。

20 世纪中期，马来半岛婆罗洲疟蚊猖獗、疟疾流行。人们大面积喷洒二氯二苯三氯乙烷（DDT），药到蚊除，疟疾得到控制，其他一些昆虫亦同归于尽。接着怪事发生，村中房屋坍塌，伤寒流行。这是因为 DDT 杀灭蚊虫的同时也杀死了爱吃毛虫的黄蜂，毛虫失去天敌成灾，使茅草屋顶坍塌；壁虎吃了 DDT 毒死的蚊子而身亡；猫又因吃了死壁虎暴毙，使鼠辈横行，四处散布带伤寒菌的鼠蚤，面临暴发大规模伤寒和鼠疫的威胁。世卫组织不得不向婆罗洲空降 1.4 万只猫去缓解这场人为的生态灾害。

在人类中传播疾病的有害蚊子必须要防治，但是，蚊子“犯罪”也不能“株连九族”，毕竟不是所有蚊子都对人有害。如果在防治有害蚊子的同时，漠视那些渺小、无害蚊种及雄蚊的存亡，影响或干扰到大自然的生态平衡，也许，人类还要建立蚊子保护区了。

2004 年美国在发表蜜蜂基因组序列的评论中称：“如果没有蜜蜂，整个生态系统将会崩溃。人类所利用的 1330 种作物中，有 1100 多种需要蜜蜂授粉，否则这些植物将无法繁衍生息。”然而雄蚊在吸食植物花蜜过程中，也像蜜蜂一样起到异花授粉的作用，雄蚊对生态系统同样是有益的。

若无蚊子，那些靠其传粉的植物就会绝种；蜻蜓、蜘蛛、青蛙、壁虎、蝙蝠等食蚊者会减少或灭绝，依赖这些物种为食的动物也会随之变为势弱种群或者消失，自然生态平衡就会被打破，地球可能出现这样或那样的灾难性连锁反应，生存在自然界食物链最顶端的人类也难独善其身。雄蚊与蜜蜂一样对生态系统有益，然而人类只将蜜蜂看作益虫，将蚊子看作害虫。这是人类以自身利益为出发点的狭隘和对蚊子认识不足所作出的片面结论。

和谐的“和”左边是禾，右边是口。禾即粮食即饭，口乃每个生物，“和”即每个生物都有饭吃。“谐”的言字旁是说话，即话语权；皆乃大家，即每个人、每个生物。“和谐”，即每个生物都有发言权、生存权。因此，要想真正和谐，人类必须尊重其他生物，与它们共存。事实上，有时候人类的认识往往是片面的、狭隘的、自私的，而这都是源于无知。所以，我们需要不断学习，不断研究，不断进步，尊重知识，尊重科学，才能全面客观认识世界。虽然人类拥有顶级智慧，但人类永远不能战胜自然，人不能胜天。我们一定要尊重客观规律，按规律办事。尊重自然，保护自然，就是保护人类自己，人与自然和谐共存，人类才能可持续发展。

五、蚊子与仿生学

蚊子吃饱后，体内发出的化学信号让其终止吮吸过程。若这个信号丧失，蚊子就会一直吮吸，直到撑破肚皮。利用这个原理，可否为肥胖病人研制一种节食药？比如：2007年澳籍科学家发现癌细胞可产生“食欲开关”分子MIC-1，还发现一种抗体能阻止MIC-1发挥作用。由此启发，是否可以找到控制饥饿的分子开关？

雌蚊吸血后，卵巢得到养分，卵粒逐渐成熟，4～5日后产卵。吸血量约2～5mg，是其体重的两倍多，蚊子经一系列生化反应后快速将水及盐分排出体外，约2～3h后，又会再叮人吸血。蚊子食量是其体重的两倍多，消化时间约2～3h，它是如何在很短的时间内，将如此多的食物分解掉的？如何将复杂体系中的蛋白质与水、盐快速分离？如何将蛋白质快速拆分，并重新组装？这些都是我们人类需要向蚊子学习的地方，将这些“机密”破解，从而为人类自身服务。

当你看到蚊子在你周围嗡嗡叫着挥动翅膀时，你要当心了，因为它有可能是“间谍蚊子”。一些国家已经利用仿生学原理研制此类微型飞行器，用于多种军事用途。

蚊子唾液中含有多种酶，包括抗血凝素（anticoagulin）、溶血素（haemolysin）和凝集素（agglutinin）等。蚊子利用自身的麻醉剂和多种酶快速地吸食人类的血液。科学家们受此启发，尝试从蚊子体内抽取及纯化抗凝血化合物，且利用重组 DNA 技术大量生产此类化合物，以治疗血管阻塞、心肌梗死、脑梗等与之相关的心脑血管疾病。

蚊子的口器里有六根管，其中两根管负责划破皮肤，另外两根撑开皮肤组织帮助蚊子吸血，舌管负责分泌麻醉及抗凝血的物质，上唇管负责吸血。人类使用的注射针头注重于生产更尖、更平滑、更细的针头，这种方法无法避免刺激大面积皮肤神经，仍会感觉疼痛。在蚊子口器的启发下，日本关西大学研究人员正在研发一种很小、锯齿状、硅胶材质的针，直径只有 0.1mm，大约是人类头发的细度，可以大大降低疼痛感，未来将可造福糖尿病等经常需要注射药物的慢性病患者。

蚊子腿表面的部分生理特征与蝴蝶翅膀类似。通过扫描电子显微镜观察发现，蚊腿表面覆盖有十微米级、规则排列的鳞片，而鳞片表层又分布有微米级的纵向加筋结构，并且在这些纵向加筋结构中，又分布有纳米级的横向加筋结构。蚊子正是利用这种特殊的结构，将空气有效地吸附于鳞片和鳞片上的“纳米筋”内，最终在其表面形成一层稳定的气膜，抵御了水滴的浸润。蚊子腿能产生其自重二十几倍的浮力，而号称“浮水王”的水黾（mǐn），单腿产生静态浮力也仅有自身体重的 15 倍。如果以 6 条蚊腿进行粗略计算，蚊子在水面上产生的最大静态浮力是其体重的百倍之多。如何利用蚊子的这一特殊结构造福人类，也是仿生学的研究内容之一。

六、蚊子的寿命与遗传多样性

蚊子从卵、幼虫、蛹到成虫通常需 15 天左右。蚊子春夏寿命一般为 1～2 周，冬天最多可存活 4～5 个月。雌蚊一生产卵 3～4 次，每次 150～250 粒，孵化 7～14 天变成孑孓，然后才变成蚊子。雄蚊交配后存活 7～10 天，而雌蚊交配后存活 30～60 天。

一般情况下温度降低，化学反应特别是生化反应速度就会减慢，从而造成生命历程的延长，即动物在低温下寿命相对较长。这让我们联想到，人类所处环境越艰苦，越能锻炼人，人的生命内涵也就更丰富，更有意义。低等动物的蚊子每次产卵百余粒，而高等动物每次生产只有一个或数个。低等动物采用的是“广种薄收”的策略，注重数量；而高等动物则“精心打造”，注重质量，即越高等，越进化；越低等，越落后。因此，世界存在两极分化的趋势，这正如古人所曰：圣愈圣，愚愈愚。雄蚊寿命短于雌蚊，这是因为雄蚊一旦交配后就完成了繁衍后代的任务，使命结束，故命不久矣；而雌蚊交配后还需完成卵巢发育、产卵等过程，最终完成繁衍后代的重任，所以寿命较长。

人生何尝不是如此，一旦完成了使命，便没有了追求和理想，没有了生活的积极性，生命也就失去了意义，离寿终正寝也就不远了。因此，人不能没有理想，理想是人类生活的重要目标，是生活下去的勇气和动力的来源。

2017 年 *Nature* 发表了英国剑桥桑格研究所 Mara Lawniczak 关于蚊子多样化的研究。研究表明，蚊子是最多样化的真核生物，研究人员利用 Illumina 的 HiSeq 测序平台对野生蚊子进行测序，发现了 5200 多万个高质量的 SNP（单核苷酸多态性），并指出蚊子群体的平均核苷酸多样性达 1.5%。这种高水平的多样性可能会阻碍人们利用基因驱动等手段来控制蚊子。如今，人们正在试图用 CRISPR/Cas9 基因编辑技术让有害物种不育。然而，CRISPR/Cas9 靶点的多态性可能影响其识别，从而限制基因驱动的效果。关键问题是基因驱动必须针对同一基因内的多个靶点。与此同时，研究人员在研究过程中还发现了蚊子群体之间的相关性模式。即，蚊子的基因可能存在季节性迁移，这种迁移可能让杀虫剂耐药基因得以传播。

七、蚊子与诺贝尔奖的启示

蚊子虽小，蕴含大道。地球上的万事万物，都是自然进化的产物，都蕴含着我们所未知的科学道理。我们对世界的认识还很有限，现在所认知的物质，其实只是宇宙的 5%，剩下的 95%还是未知领域。比如，既然有量子纠缠，那灵魂、第六感、特异功能是不是也可能存在？由于蚊子的作恶，加大了人们对它的关注，人类对蚊子及其相关领域的研究也较为深入，在这个领域产生了 6 项诺贝尔奖。

1897 年，英国军医罗斯冒着生命危险，到印度疟疾流行地区考察，证实了疟疾可由蚊子在人与人之间传染，并提出了通过扑灭疟原虫控制疟疾的方案。实践证明，罗斯的方法很有效，疟疾流行的势头得到控制。因此，于 1902 年获得诺贝尔生理学或医学奖。

1880 年，法国医生拉维朗在发热病人血液中提取出一种未知的病原体，并于 1897 年提出了疟疾是疟原虫传染的假说，并得到了证实，拉维朗于 1907 年获诺贝尔生理学或医学奖。

1917 年，奥地利精神医生瓦格纳·贾雷格用疟疾发病时的高烧治疗第三期梅毒引起的麻痹性痴呆症取得成功，发现用疟原虫接种可以治疗麻痹性痴呆，因此获得了 1927 年诺贝尔生理学或医学奖。

1939 年，瑞士化学家米勒发现 DDT 具有杀灭蚊虫作用，于 1948 年获诺贝尔生理学或医学奖。

1965 年美国有机合成大师伍德沃德凭借合成了治疗疟疾的特效药奎宁等，获得 1965 年诺贝尔化学奖。

2015 年，中国药学家屠呦呦因研制出新型抗疟药青蒿素和双氢青蒿素，使得对奎宁类药物已经产生抗药性的疟原虫重新得到控制，并可以在动物体内和人体内有效抵抗蚊子引起的疟疾而获得诺贝尔生理学或医学奖。2019 年 1 月，英国 BBC 发起“二十世纪最伟大人物”评选活动，屠呦呦与居里夫人、爱因斯坦及艾伦·图灵共同进入候选名单。

现代科学证实，任何物质都是由夸克构成，物质的基本构成是类似的。但是，事物所包含的自然规律不尽相同。只要我们认真去探索，必然会有所发现。我们做事也是如此，只要是分内之事，不分大小、高低、贵贱，一定要踏踏实实、认认真真、科学严谨地去完成，就会有成功的机会。无论做任何事，只要努力、坚持，勤于耕种，不断积累，就一定会有收获。尤其是科学研究，只要有思想，有特色，肯下功夫，持之以恒，就会脱颖而出。

自然界的各种规律都蕴藏在不同的事物当中，只要有心，善于观察，勤于思考，不忽视身边的小事，就会有所发现。正所谓，问题就在身边，学问就在眼前。小事中蕴含着大道理，研究蚊子也能获得诺贝尔奖。小小的蚊子给我们的思考与启示尚如此之多，对于做科学研究的人来说，就应该具有见微知著、管中窥豹、见端知末的洞察事物的能力。苹果从树上掉落，大家习以为常，然而牛顿由此发现了万有引力。

以铜为镜可正衣冠，以史为镜可知兴替；以人为镜可明是非，以万物为镜可知人生。人生在世常会漠然、迷茫，沉溺于现实的名利纠葛，困扰于生活的跌宕起伏。这时候，不妨放下手中的纷扰，看看身边的自然万物。一条悠然自得的小鱼，一只愉悦歌唱的小鸟，它们的生活，它们的态度，给予我们启迪和智慧。换个角度思考，就会有不一样的心态和结果。人是高等动物，不但要生活，还要修行，修行首先要修心，心正了，行就正了。

动物和人的根本区别在于，人类个体的思想性和多数人的修正能力。但是，科学研究发现大量有趣的动物现象与人类有着千丝万缕的联系，这些现象拓展了我们的思路，激发了我们的灵感，让我们从新的角度领悟到不一样的人生哲理，提升了我们的精神境界。

第四章

环境与植物

一花一世界，一叶一乾坤。自然界的花草树木，千姿百态，多彩绚丽，生生不息。它们是人类的物质基础，人类的“调色板”，见证着人类的生存繁衍，与人类命运休戚相关，更是人类精神的寄托者。我们有感于花的艳丽芬芳，有感于树的坚韧协作，有感于自然界的和谐共生。自然界给予我们深刻的启示，让我们有更多的智慧应对生活。

第一节 ●○ 叶的光合作用

叶（leaf）是植物主要的营养器官之一，是植物体与环境发生物质和能量交换的主要场所。叶是维管植物（vascular plant）特有的营养器官，是植物吸收CO_2进行光合作用合成有机物的主要场所，并通过蒸腾作用给根系提供从外界吸收水和矿质营养的动力。

叶片是叶的主体，一般呈片状，叶肉组织富含叶绿体，是进行光合作用的场所；表皮起保护作用，并通过气孔从外界吸收二氧化碳而向外界放出氧气和水蒸气；叶内分布的维管束称叶脉，保证叶内物质的运输。叶的形状和结构因物种及其与环境的适应性而各不相同。

高等植物的叶片中色素主要分布在两个部位——叶绿体和液泡。大部分植物叶片的颜色均来自叶绿体，叶绿体内的色素有四种，其中，叶绿素 a 是蓝绿色，叶绿素 b 是黄绿色，类胡萝卜素是橙黄色，叶黄素是黄色，叶子颜色的变化就是这四种色素的比例不同所致。一般情况下，叶绿素的含量最多，其他色素的含量较少，叶子显绿色。但也有些植物的叶子是其他颜色，如紫叶李、天麻、秋海棠的叶是红色的，这是因为它们的叶片中除含叶绿素外，还有大量的类胡萝卜素或藻红素。叶绿素也有个弱点，那就是容易被低温破坏，气温下降到一定程度，叶绿素就会分解，并且消失得很快；而胡萝卜素和叶黄素则对温度比较稳定，这就是秋天叶子变黄的原因。当秋天来临时，黄栌、枫树和槭树等的叶子，因花青素的存在而变得特别红。原因是，气温下降，叶绿素分解、消失的时候，叶子里面的糖分大量地转变成红色的花青素，于是，一到深秋，漫山遍野的红叶景观就会出现，煞是好看，引得古人赞叹“霜叶红于二月花”。

叶绿体随环境、温度、光照、气温的变化，能调节不同色素变化，给人类展示出绚烂多彩的世界。这告诉我们，在处理问题时要审时度势，把控全局，学会处理矛盾、化解矛盾，善于抓主要矛盾，善于利用矛盾之间的转换化不利为有利，变无用为有益。

一、叶绿素与叶绿体

叶片是进行光合作用的主要器官，叶绿体是光合作用的重要细胞器，是光合作用进行的形态学单位。叶绿体主要成分是蛋白质、脂类、色素、无机盐，它是片层结构，主要由外被、基质、类囊体等膜结构组成，类囊体叠加构成叶绿体的基粒，不同的高等植物其基粒数量不等，一般从 20 到 200 甚至更多。叶绿素的光合作用主要发生在基质中的基粒内。

叶绿体片层垛叠成基粒是高等植物细胞所特有的膜结构。基粒片层膜的垛叠意味着捕获光能的机构更密集，可以更有效地收集光能，光合作用效能更高。由此可见，从系统发育的角度看，高等植物叶绿体基粒片层的垛叠，有利于光合作用的进程，是自然进化的结果。自然的许多进化都包含着丰富的科学道理，叶绿体片层垛叠提高光合效率启示我们，集体的作用永远大于个人，团结就是力量。尤其是科学技术高速发展的今天，信息量激增，一个人掌握知识的局限性逐渐显现出来，只有组合起来，发挥集体的智慧，才可以更有效地在某些科技领域取得突破。近年来，诺贝尔奖获得者多为一个科研小组或一个科研平台，就是很好的例证。

我们认识到植物呈现绿色是植物中存在叶绿素的缘故。但另一个问题又产生了：为什么叶绿素吸收的是蓝紫光和红光而不是其他颜色的光。我们从两方面考虑：外因——光源，内因——叶绿素的性质。

大家知道太阳光是地球上一切生物的能量来源。太阳光根据其波长不同可分为：紫外光、可见光、近红外光及其他（表 4-1），而可见光进一步可分为七色光（表 4-2）。研究发现，不同波长的光每摩尔量子所持的能量不同（表 4-3）（潘瑞炽，2012）；可见光占全部太阳光的近一半，且可见光的辐射能力最强（图 4-1）。太阳辐射到地球表面的光主要是可见光和近红外光（表 4-1），而地球表面不停地向宇宙空间辐射红外光，因而地球生物主要利用的是可见光。因此，地球上植物的能量主要来源于太阳光中的可见光部分。

※ 表 4-1　太阳光波长与热能分布

太阳光谱	波长/nm	热能比例/%
紫外光	< 300	5
可见光	300～760	45
近红外光	760～1350	45
其他	>1350	5

※ 表 4-2 可见光的波长分布

颜色	红	橙	黄	绿	青	蓝	紫
波长/nm	625～740	590～625	565～590	500～565	485～500	440～485	380～440

※ 表 4-3 不同波长光量子所持的能量

波长/nm	每摩尔光量子的能量/kcal
400	71.5
500	57.1
600	47.6
700	40.9
800	35.6

注：1kcal = 4.1840kJ。

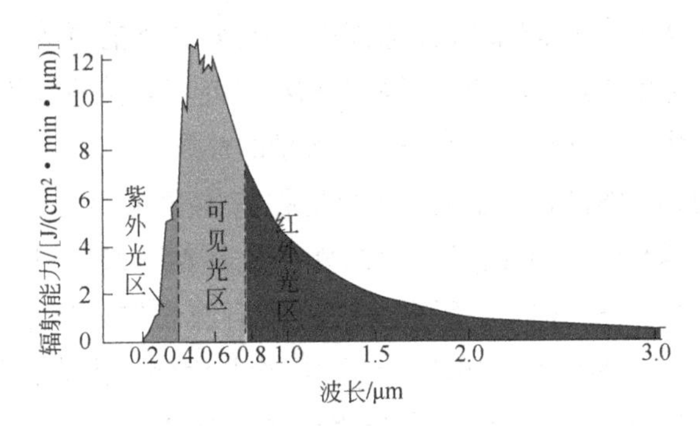

图 4-1 不同波长光的辐射能力

了解了太阳光，我们再来看叶绿素。半世纪前，叶绿素被发现可作为光受体色素。叶绿素属于镁卟啉衍生物，是一种双羧酸酯，不溶于水，易溶于乙醇、丙酮、乙醚等有机溶剂。叶绿素不稳定，光、热、酸、碱、氧等都能使其分解。加热和酸性条件很容易形成脱镁衍生物，与铜、锌反应可生成绿色的叶绿素铜、叶绿素锌络合物。

叶绿素存在于高等植物的叶绿体中。叶绿素在植物体中的生物合成与分解是一系列复杂的酶促反应和化学反应。当春天来临，环境温度升高，随着茎端分生组织形成叶绿基，叶绿素开始形成。叶绿素的形成受光、温度、营养元素及遗传的影响。

叶绿素本质上是一种植物色素，而植物色素包括叶绿素 a、叶绿素 b、类胡萝卜素等。叶绿素结构（图 4-2）包含一个四吡咯基组成的卟啉环，其有大的 π 体系，因而在吸收光谱上呈现卟啉的特征吸收：叶绿素 a 与叶绿素 b 分别在 430nm、450nm 有吸收；另外由于叶绿醇基的存在，叶绿素 a 和叶绿素 b 分别在 660nm 和 640nm 左右有吸收。而类胡萝卜素的结构单元主要是异戊二烯，其在蓝光区有吸收。

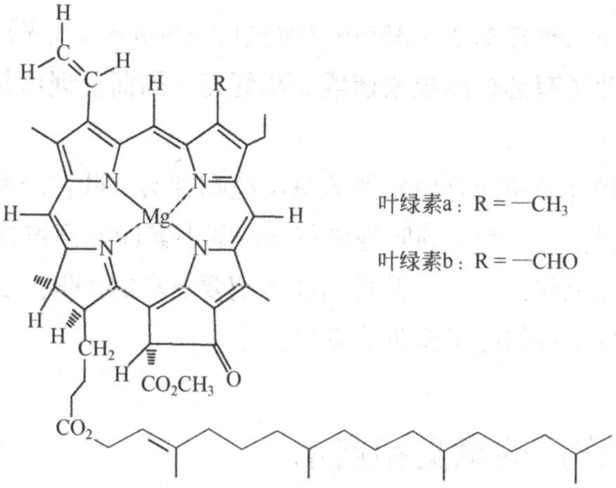

叶绿素a：R = —CH_3

叶绿素b：R = —CHO

图 4-2　叶绿素 a 与叶绿素 b 的结构

既然光合作用中起作用的是叶绿素 a，那么叶绿素 b 和类胡萝卜素起什么作用呢？原来在光合作用的过程中，叶绿素 a 可以将吸收的蓝紫光和红光由光能转化为化学能。但叶绿素 b 和类胡萝卜素的存在，扩大了植物吸收光的范围，它们将吸收的光传递给特殊的叶绿素 a，特殊的叶绿素 a 在红光（680nm 和 700nm）作用下利用二氧化碳和水合成有机物质，放出氧气，从而使植物获得能量得以生长。

我们知道光合作用利用的是可见光的红光，这进一步证实了植物吸收蓝紫光和红光的特性。这也就是说，植物的叶子只有呈现绿色才有可能吸收太阳光的可见光部分：430nm、450nm、640nm 和 660nm，才能高效地完成光合作用，故植物叶子呈现绿色是千百万年进化过程中自然选择的结果。

二、叶绿素的光学特性

颜色是通过眼、脑和我们的生活经验所产生的一种对光的视觉效应。物体的颜色取决于光源以及物体表面吸收与反射光、透射光的能力。假如两种颜色以适当比例混合产生白色，则这两种颜色互为互补色。根据互补色原理可知绿色的互补色是红紫色，那么植物呈现绿色也一定是由于它吸收了蓝紫光和红光的缘故。研究发现，植物中叶绿素的吸收光为蓝紫光和红光，因此植物叶子呈现绿色就是叶绿素在起作用。

为此，我们做了如下实验。随机选择了身边常见的柳树叶、吊兰叶、火炬树叶三种叶子作为研究对象，分别剪碎、研磨、离心、取上清液，经分光光度计分析，发现三种样本在 435nm（紫光）、660nm（红光）附近都有吸收峰，表明这三种叶子有选择地吸收蓝紫光和红光，因而呈现出其互补色的颜色——绿色。

高等植物叶子中所含色素的数量与植物种类、叶片老嫩、生育期及季节有关。通常情况，正常叶子的叶绿素和类胡萝卜素的比例约为 3∶1，叶绿素 a 和叶绿素 b 的比例约为 3∶1，叶黄素和类胡萝卜素的比例为 2∶1。四种色素比例的变化，构成了植物叶子颜色的变化。

三、光合作用的意义和启示

1771 年，英国科学家普利斯特莱发现绿色植物可以产生氧气；1864 年，德国科学家萨克斯用实验证明了绿色叶片在光合作用中产生了淀粉；1880 年，德国科学家恩吉尔曼用水绵进行实验，证实了叶绿体是绿色植物进行光合作用的场所，氧是叶绿体释放出来的；1939 年，美国科学家鲁宾卡门采用同位素标记法确认了光合作用释放的氧全部来自水。至此，光合作用的原理基本清晰。

1. 光合作用的机理

光合作用就是植物、藻类和某些细菌，在可见光的照射下，经过光反应和暗反应，将二氧化碳和水转化为有机物，并释放出氧气的生化过程。光合作用是一系列复杂的代谢反应的总和，是生物界赖以生存的基础。其反应过程如下：

$$6H_2O + 6CO_2 \xrightarrow[\text{叶绿素}]{\text{光能}} C_6H_{12}O_2 + 8O_2$$

光合作用的机理是一个比较复杂的光化学反应和物质转变的过程，并不是一个简单的氧化还原反应。光合作用主要有光反应和暗反应两个过程，光反应必须要有光参与，在基质片层上进行，主要是将光能转变为电能进而形成活跃的化学能，是一个能量转换的过程；暗反应对光没有要求，是在叶绿体的基质中进行，它的主要作用是将活跃的化学能转变为稳定的化学能，同时通过卡尔文循环同化二氧化碳为碳水化合物。两部分的反应过程如下：

（1）光反应

水的光解：

$$2ADP + 2Pi + 2NADP + 4H_2O + \text{光能} \longrightarrow 2ATP + 2NADPH_2 + 2H_2O + O_2$$

ATP 的形成：

$$ADP + Pi + \text{光能} \longrightarrow ATP$$

（2）暗反应

CO_2 的固定：

$$CO_2 + C_5 \longrightarrow 2C_3$$

C_3 化合物的还原：

$$2C_3\text{化合物} + 4NADPH + ATP \longrightarrow (CH_2O) + C_5\text{化合物} + H_2O$$

（有机物的生成或称为 C_3 的还原）

（3）能量变化

$$ATP \longrightarrow ADP + Pi\ (\text{耗能})$$

2．光合作用的意义

光合作用为人类提供了食物来源。全球食物链的最低端初级生产者就是绿色植物，每年绿色植物通过光合作用合成的有机物约为 5×10^{14}kg，直接或间接为人类或动物界提供食物。

光合作用为人类提供了能源。绿色植物在同化二氧化碳的过程中，把太阳光能转变为化学能，储存在光合作用形成的有机化合物中。现今，人类所利用的能源，如煤炭、天然气、木材等都是现在或过去的植物通过光合作用形成的。

光合作用为人类维持了大气的平衡。地球上人类的生命和生产活动、动植物及微生物时刻都在消耗大量的氧气。据估算，每年地球上的人、动物和微生物氧气消耗量大约在 3.15×10^{14}kg，按照这个速度，地球上的氧气 3000 年就消耗完了，但是到现在，大气层中氧气的含量还是稳定在 21%，主要功劳在绿色植物的光合作用，绿色植物每年通过光合作用释放的氧气量在 5.35×10^{14}kg 左右。

3．光合作用的启示

光合作用是人类和其他生物体的物质来源，离开光合作用，地球上的一切生物将失去物质支撑。人来自自然，也必将回归自然；我们要善待自然，人与自然不可分割，破坏自然就是在损害我们自己。

光合作用是人类和其他生物体的能量来源。太阳是一个巨大的核聚变反应堆，每分钟向地球输送大约 2.5×10^{17}kcal 的热能，相当于燃烧 4×10^{12}kg 煤产生的热能。生命起源需要能量，生命要维持和延续也离不开能量。地球上的一切生命活动都离不开能源。煤炭、石油、天然气等其他生物质能源都是千万年来地球储存的太阳能。目前，人类 90%的能源来源于煤炭、石油、天然气，这些不可再生的能源随着人类能源需求量的不断增大而快速减少，百年后我们将面临煤和石油的枯竭。因此，我们要大力提倡节约能源。节约能源，从生活的点滴开始，从每个人做起。只有全人类意识到能源的危机，积极行动起来，才能收到良好的效果。

光合作用是人类和其他生物体的氧气来源。人类赖以生存的基础条件之一就是氧气和水。氧是人体获得生命能源的关键。人可以几天不吃饭，但如果不呼吸空气（氧气），只要几分钟就会死亡。生命的存在必须不断地进行新陈代谢，通过有氧代谢，以获取能量。人体任何部位的有氧代谢出现问题，都会导致疾病。在人体不能摄入足够的氧气时就会缺氧。在人体缺氧的状况下，细胞能量代谢的过程就会放慢，生物酶的活性也会受到抑制，产生能量的效率随之降低，会造成严重的代谢紊乱，最终导致组织器官的一系列生理、病理变化，人体就会产生疾病，严重时甚至会威胁生命。

光合作用的原理告诉我们：利用光反应、暗反应对植物的作用机理，可以建造温室，加快空气流通，趋利避害，使农作物增产；利用二磷酸核酮糖羧化酶的两面性——既催化光合作用，又推动光呼吸，对其进行改造，增加前者、减少后者，避免有机物和能量的消耗，可提高农作物的产量；利用光合作用的原理，调节光照强度、温度、CO_2浓度，提高光合作用强度，可以增加农作物产量；利用光合作用与植物呼吸的关系，人们在生活中也可以得到很多启示，比如晚上不应把植物放到卧室内，以避免因植物呼吸而引起室内氧气浓度降低，影响睡眠质量。

总之，人类虽然没有能力改变宇宙演化规律，没有能力改变太阳这个庞然大物，但是，可以通过认识自然、了解自然，洞悉自然给我们的规律和启示，改造自然、利用自然，为人类更好地服务。

第二节 ●○ 花卉的启示

花，是被子植物的生殖器官，人们通常把被子植物统称为有花植物，也有少数人认为裸子植物的孢子叶球也是“花”。花的各部分不易受外界环境影响，习惯上，人们把花的形态结构作为被子植物分类鉴定和系统演化的主要依据。花，实际上是缩短了的变态枝。花瓣的结构也像叶子一样，可分表皮、基本薄壁组织和维管束三部分。18世纪90年代，德国博物学家和哲学家歌德(J. W. von Goethe)提出，植物一切器官的共同性观点和多种多样植物形态的统一性观点。他认为，花是适合于繁殖作用的变态枝。花是由花柄、花托、花萼、花冠、雄蕊群和雌蕊群组成，花梗和花托是枝的部分，节间极度缩短；花的其他部分均是变态叶。

花的类型主要根据五种不同分类方式可分为：完全花、不完全花；辐射对称花（整齐花）、两侧对称花（不整齐花）、不对称花；重被花、单被花、无被花；两性花、单性花、无性花；风媒花、虫媒花、鸟媒花、水媒花。

花，以它鲜艳的色彩、婀娜多姿的体态和芳香的气味吸引着人们。花的千姿百态和色彩缤纷，给人以美的享受，让人喜爱、赞叹，感动了无数的文人墨客。如：

《采莲曲》

[唐]王昌龄

荷叶罗裙一色裁，芙蓉向脸两边开。
乱入池中看不见，闻歌始觉有人来。

《梅花》

[宋]王安石

墙角数枝梅，凌寒独自开。
遥知不是雪，为有暗香来。

《梅花》

[唐]韩偓

梅花不肯傍春光，自向深冬著艳阳。
龙笛远吹胡地月，燕钗初试汉宫妆。
风虽强暴翻添思，雪欲侵凌更助香。
应笑暂时桃李树，盗天和气作年芳。

《红牡丹》

[唐]王维

绿艳闲且静，红衣浅复深。
花心愁欲断，春色岂知心。

《吉祥寺花将落而述古不至》

[宋]苏轼

今岁东风巧剪裁，含情只待使君来。
对花无信花应恨，直恐明年便不开。

《卜算子·咏梅》

毛泽东

风雪送春归，飞雪迎春到，
已是悬崖百丈冰，犹有花枝俏。
俏也不争春，只把春来报。
待到山花烂漫时，她在丛中笑。

古希腊的神话中记载，爱神阿佛洛狄忒为了寻找她的情人阿多尼斯，在玫瑰花丛中奔跑，玫瑰刺破了她的手和腿，鲜血滴在玫瑰的花瓣上，白玫瑰从此变成了红色的，红玫瑰也因此成了坚贞爱情的象征。

圣经里写到，百合花由夏娃的眼泪所变成，为纯洁的礼物，因此，世人认为百合花为纯洁清新之意的代表。

……

花是大自然赐予人类的礼物，人们在生产活动中很早就与花为伴。花给人以安慰，让人产生信赖感。人们常常把花（叶）作为护身符，戴在身上以驱魔祛邪，保佑平安。花也常常是女子的一种装饰，也可作为情人、友人相互赠送以示爱慕、思念和慰问的礼物。花也是自古以来众多文人墨客抒发感情、咏叹自然的载体。

“花无百日红”，再美的花朵也终将凋谢。尽管，花的一生很短暂，但是，它的娇艳、美丽、纯洁带给人们的精神享受流芳百世。春天，实际上就是一场花开花落的大戏，从无数的花儿赶着趟儿地开放，到无数的花儿纷纷凋落，只留下一片落英缤纷。花给人带来精神享受的同时，还提供了物质财富。花是植物的繁殖器官，担负着繁育、结果的重任，给人们提供果实和种子。花的雌蕊受粉之后，底部的子房慢慢膨胀变大，这部分就是将来长成的果实，但是果实只有等花瓣落下之后才能开始生长。所以，花是美的使者，是无私的奉献者。

植物经过一定时期的积累孕育才能换来一次花开。同样，人取得的成功也是如此。成功之花由汗水和泪水浇灌而成，如科研路上重峦叠嶂、迷雾重重，取得一点突破，都须付出巨大代价。开花结果是好事，但并不是所有努力都会开花结果，故科学研究应允许失败。因此，全社会要营造宽松的科学研究氛围，给科学研究人员以更大的思维空间和创作空间，要尊重科研工作者的一切劳动。

花，多姿多彩，争奇斗艳，没有一种花是最完美的。同样，科学领域的每个学科也是齐头并进，异彩纷呈。唯有百花齐放，百家争鸣，科学才能进步，人类社会才能进步。

一、荷花

荷花，睡莲科莲亚科，多年生水生草本植物。莲花被称为“活化石”，是被子植物中起源最早的植物之一。在人类出现以前，荷花就在中国的阿穆尔河（今黑龙江）、黄河、长江流域及北半球的沼泽湖泊中顽强地生存下来。人类出现之后，发现“荷花”的野果和根节（即莲子与藕）清香甘甜，味美可口，可以食用，渐渐地“荷花”就成了人类的粮食来源之一。在辽宁及浙江均发现的炭化古莲子证明，荷花在中国有三千多年的栽培史。

荷花种类很多，主要有观赏和食用两大类。荷花全身皆是宝，藕和莲子能食用，莲子、根茎、藕节、荷叶、花及种子的胚芽均可入药。荷花凭借它的食用性走进了人类的生活，同时，它的艳丽、高洁也深深地打动了人类的灵魂。《诗经》中就有“山有扶苏，隰与荷花”，“彼泽之陂，有蒲有荷”。北宋理学大师周敦颐的《爱莲说》：“水陆草木之花，可爱者甚蕃……予独爱莲之出淤泥而不染，濯清涟而不妖。中通外直，不蔓不枝，香远益清，亭亭净植，可远观而不可亵玩焉……莲，花之君子者也。”荷花“中通外直，不蔓不枝，出淤泥而不染，濯清涟而不妖”的高尚品格，倾倒古往今来无数诗人墨客。“接天莲叶无穷碧，映日荷花别样红”就是对荷花之美的真实写照。春秋时期青铜工艺珍品“莲鹤方壶”取材于真实的自然界，荷花花纹概括形象，龙和螭跃跃欲动。荷花与被神化的龙、螭及仙鹤一样，成为人们心目中崇高圣洁的象征。

在中华传统文化中，荷花经常被作为和平、和谐、合作、合力、团结、联合的象征；以荷花的高洁象征和平事业、和谐世界。它构成中国“和”文化的一种内涵，赏“荷”是中国“和”文化的一种传承和弘扬。“荷花文化”在传承优秀文化传统、弘扬和平文化、推进和谐文明进程中影响深远。

荷花生长在河底的污泥中，污泥中饱含养分，它是荷花生长的物质基础。荷花通过选择性地吸收污泥中的养分，发展壮大了自己。环境锤炼人，我们要向荷花学习，掌握在各种环境中生存的技能，特别是从环境恶劣中汲取对自己有用的物质，摒弃有害物质的能力；不能因为环境恶劣就脱离环境、远离环境。事物是一分为二的，人生活的环境中有好事也有坏事，坏事可以转变为好事，好事也可以转变为坏事。总之，荷花出淤泥而不染，人也应学会自我净化、自我修养，像荷花那样，直立挺拔、直截了当、刚直不阿、茁壮成长……

二、梅花

梅花培植起于商代，距今已有近四千年的历史，是花中寿星，我国不少地区至今还有千年古梅。梅花的鲜花可提取香精，花、叶、根和种子均可入药，果实可食可药。

梅花，蔷薇科杏属，小乔木稀灌木。梅花与兰花、竹子、菊花一起被列为

"四君子"，与松、竹并称为"岁寒三友"。梅花位居中国十大名花之首，在中国传统文化中，梅花以它高洁、坚强、谦虚的品格，给人以立志奋发的激励。它是中华民族的精神象征，具有强大而普遍的感染力和推动力。

四君子

梅：探波傲雪，剪雪裁冰，一身傲骨，是为高洁志士；
兰：空谷幽放，孤芳自赏，香雅怡情，是为世上贤达；
竹：筛风弄月，潇洒一生，清雅澹泊，是为谦谦君子；
菊：凌霜飘逸，特立独行，不趋炎势，是为世外隐士。

中国十大名花

花中之魁——梅花，
花中之王——牡丹，
凌霜绽妍——菊花，
君子之花——兰花，
花中皇后——月季，
繁花似锦——杜鹃，
花中娇客——茶花，
水中芙蓉——荷花，
十里飘香——桂花，
凌波仙子——水仙。

梅花品种极多，常分为花梅及果梅，花梅主要供观赏，果梅主要是利用其果实作加工或药用。梅花最适宜庭院、草坪、低山丘陵种植，既可孤植、丛植、群植，也可盆栽观赏或加以整剪做成各式桩景，甚至作切花瓶插供室内装饰用。梅开百花之先，独天下而春。在严寒中，梅花迎雪吐艳，凌寒飘香，铁骨冰心。这种品格也感染着几千年来的文人墨客，梅诗、梅画数量之多，在我国文学史上任何一种花卉都望尘莫及。国人对梅花情有独钟，视赏梅为一件雅事。赏梅贵在"探"，不仅着眼于色、香、形、韵、时，更欣赏花中蕴含的人格寓意和精神力量。

"万花敢向雪中出，一树独先天下春。"梅花坚韧不拔、不屈不挠、奋勇当先、自强不息的精神品质与气节，契合中华民族"龙的传人"的精神。梅花的崇高品质和坚贞气节激励着一代又一代中国人不畏艰险，奋勇开拓。梅花的崇高品质和坚贞气节启示我们，科学研究要甘于吃苦，甘于寂寞，敢于争先，甘于拼搏。

三、兰花

兰花，兰科兰属，附生或地生草本植物。兰花是一种风格独异的花卉，它的花结构与众不同，具蕊柱、蕊喙、花粉团和唇瓣等，便于昆虫传粉。兰花为两侧对称的花，多为草本植物。兰花全草均可入药，其性平，味辛、甘，无毒。兰花的花色淡雅，以嫩绿、黄绿居多，尤以素心者名贵。兰花的香气清冽、醇正，清而不浊，一盆在室，芳香四溢，极具观赏价值。中国传统名花中的兰花仅指分布在中国的兰属植物——中国兰，它没有热带兰花醒目艳丽，硕大花、叶的特征，而是具有质朴文静、淡雅高洁的气质，很符合东方人的审美标准。兰花在中国的栽培历史有两千多年，宋代是中国艺兰史的鼎盛时期，南宋赵时庚于1233年所著的《金漳兰谱》是中国保留至今最早的研究兰花的著作，也是世界上第一部兰花的专著。现存最早的兰花名画，是宋代赵孟坚的《春兰图》，现珍藏于北京故宫博物院。

《咏兰》

[元]余同麓

手培兰蕊两三栽，
日暖风和次第开；
坐久不知香在室，
推窗时有蝶飞来。

《咏兰叶》

[明]张羽

泣露光偏乱，
含风影自斜；
俗人那斛比，
看叶胜看花。

元朝余同麓的《咏兰》将兰花的幽香表现得淋漓尽致。明代文人张羽的《咏兰叶》写尽了兰叶婀娜多姿之美。兰花的叶终年鲜绿，姿态优美、刚柔兼备，花姿端庄隽秀、雍容华贵，富于变化。无论花期与否，始终是一件鲜活的艺术品。

中国人历来把兰花看作是高洁典雅的象征，并与“梅、竹、菊”并列，合称“四君子”。通常以“兰章”喻诗文之美，以“金兰之交”喻友谊之真，借兰来表达爱情之真，“气如兰兮长不改，心若兰兮终不移”。自古以来，国人就有爱兰、养兰、咏兰、画兰的情怀。兰花以草木为伍，不与群芳争艳，不畏霜雪、坚忍不拔的刚毅气质，鼓舞着国人不断努力，不断奋斗，不断前行。《孔子家语·在厄》曰：芝兰生于深谷，不以无人而不芳。它告诉我们，品德高尚的人修身立人，并不会因穷苦的境遇而改变自己高尚的品节。

孔子曰："吾死之后，则商也日益，赐也日损。"曾子曰："何谓也？"子曰："商也好与贤己者处，赐也好说不若己者。不知其子，视其父；不知其人，视其友；不知其君，视其所使；不知其地，视其草木。故曰：与善人居，如入芝兰之室，久而不闻其香，即与之化矣；与不善人居，如入鲍鱼之肆，久而不闻其臭，亦与之化矣。丹之所藏者赤，漆之所藏者黑。是以君子必慎其所与处者焉。"（《孔子家语·六本》）

孔子在《孔子家语·六本》中告诉我们，交友和环境对人品性的影响作用。与善人居，如入芷兰之室，久而不闻其香。也就是说，一个良好的环境可以改变一个人。孔子对兰花的美德推崇备至，以"兰当为王者香"，把兰花推上"王位"。兰与高尚品德修养相融合，从而使兰有了更深刻的文化内涵。

人要有高尚纯洁的品格。环境对人的品质有巨大的影响，正如我们常说的"近朱者赤，近墨者黑"。所以，在日常生活中，我们要洁身自好，与品德高尚的人相近，会提升自己的修养，锤炼自己的品格。品德高尚的人，无论身处何种境地，都能坚持自己，独善其身，不懈努力，坚持目标。

四、竹子

竹子虽然不是花，但是它与"梅、兰、菊"一起被人称为"花中四君子"，因此，将竹子与花放在一起。竹子空心、挺直、四季常青等生长特征被人们赋予人格化的高雅、纯洁、虚心、有节、刚直等精神象征，给人以启发、激励。

竹子，禾本科植物，高大乔木状禾草类植物。竹的地下茎是横着生长的，中间稍空，有节且多而密，节上分布着许多须根和芽。一部分芽发育成为竹笋钻出地面长成竹子，另一部分芽并不长出地面，而是横着生长，发育成新的地下茎。因此，竹子都是成片成林地生长。竹子全身上下都是宝，竹子可作为观赏植物，也是一种很好的建筑材料，竹笋可作食品，既减肥又有助于防止肠癌的发生；竹叶具有净化空气、减少噪声等改善环境的功能；竹根能够雕刻成工艺品，竹子还能做成各种各样的乐器……

古今中外，无数人赞美竹子，诗人赞颂它的精神，画家描绘它的英姿，竹子精神家喻户晓。

《诗经》：瞻彼淇奥，绿竹青青。

唐代白居易《池上竹下作》：水能性淡为吾友，竹解心虚即吾师。

唐代王维《山居秋暝》：竹喧归浣女，莲动下渔舟。

唐代邵谒《金谷园怀古》：竹死不变节，花落有余香。

宋代苏轼《惠崇春江晚景》：竹外桃花三两枝，春江水暖鸭先知。

……

这些流传千古的诗词歌赋，把竹子的品格和精神描写得淋漓尽致。英国学者李约瑟曾说过，东亚文明乃是“竹子文明”。竹，彰显气节，虽不粗壮，但却正直，坚韧挺拔；不惧严寒酷暑，万古长青。竹是君子的化身，是“四君子”中的君子。作为象形文的“竹”字，寓意着立身要端直，处事要谦卑。竹的最大特点是“腹中空空”，形象地表达了它的谦虚之至。

竹之十德

竹身形挺直，宁折不弯，曰正直；
竹虽有竹节，却不止步，曰奋进；
竹外直中通，襟怀若谷，曰虚怀；
竹有花深埋，素面朝天，曰质朴；
竹一生一花，死亦无悔，曰奉献；
竹玉竹临风，顶天立地，曰卓尔；
竹虽曰卓尔，却不似松，曰善群；
竹质地犹石，方可成器，曰性坚；
竹化作符节，苏武秉持，曰操守；
竹载文传世，任劳任怨，曰担当。

团结就是力量　竹子成片成林地生长告诉我们，无论是工作还是生活，当我们遇到困难时，无论它有多大，只要大家能团结一心，凝心聚力，任何艰难险阻都阻挡不了我们前进的步伐。前进的道路总是不平坦的，团队的力量永远是无穷的。

生命在于奋斗、在于拼搏　竹子的生命力很强，山岩上、乱石旁，都有它的身影。即使在凛冽的寒冬，竹子都生机勃勃、翠色欲滴。正是“咬定青山不放松，立根原在破岩中。千磨万击还坚劲，任尔东西南北风”（清代郑板桥）。这不正是竹子敢于奋斗，敢于拼搏的精神吗？人无论在哪里、无论处于什么环境，要想进步或者更进一步，就必须奋斗、拼搏。随着科学技术的高速发展，知识量、信息量激增，如果没有敢于拼搏、敢于奋斗的学习和上进的精神，终将会被时代淘汰。

谦虚使人进步　“虚心竹有低头叶，傲骨梅无仰面花”（清代郑板桥），不就是竹子的真实写照吗？竹子腹中无物，要长得好就必须从外界不断地汲取营养，不断地充实自己。同样，我们也应当保持这样的心态，在竞争异常激烈的当今社会，要时刻保持虚怀若谷的心态，不断学习、不断进步。竹子的谦虚，使得它无论在肥沃的土壤、还是贫瘠的山脊，都有“咬定青山不放松”的坚韧，令人崇拜，催人奋进！

五、菊花

菊花，菊科、菊属多年生宿根草本植物，菊花品种具有极大多样性，花色、花形、花期特别丰富。菊花为短日照植物，在短日照下能提早开花。喜阳光，忌荫蔽，较耐旱，怕涝，适应性很强，生长适温 18～21℃。菊花可食可药，久饮菊花茶能长寿。

菊花，居我国十大名花第三，是花中四君子之一，更是世界四大切花之一。菊花是经人工长期驯化培育的名贵观赏花卉。菊花起源于中国，有三千多年的历史，唐代传入日本，17 世纪末荷兰商人将中国菊花引入欧洲，18 世纪传入法国，19 世纪中期引入北美地区，此后中国菊花遍及全球。

切花（cut flowers）是指从植物体上剪切下来的花朵、花枝、叶片等的总称。切花常作为插花的素材（也称花材），用于插花或制作花束、花篮、花圈等花卉装饰。传统的世界四大切花为：菊花、月季、香石竹（即康乃馨）、唐菖蒲（即剑兰）。

菊花因为多彩的颜色和千姿百态的造型，深受国人喜爱。菊花颜色多样，富含的意义也不尽相同。黄色象征淡淡的爱和飞黄腾达，白色代表忠诚和贞洁。同时，菊花花期在九月，和“久”谐音，寓意长寿吉祥。秋季菊花凌霜而开，恣意吐蕊，极具观赏价值。从古至今，在中国无论宫廷还是民间赏菊一直是一项重大盛事。广东省中山市小榄镇菊花会是中国延续年代最久、规模最大的菊会，始办于宋代末年，至今已有七百多年的历史，人数最多时可达一百万。

古往今来，菊花始终是我国历代文人的歌咏对象。

《礼记·月令篇》有“季秋之月，鞠有黄华”。

《离骚》有“朝饮木兰之坠露兮，夕餐秋菊之落英”。

《神农本草经》记载“菊花久服能轻身延年”。

晋代陶渊明“采菊东篱下，悠然见南山”“秋菊有佳色，裛露掇其英”。

唐代元稹“不是花中偏爱菊，此花开尽更无花”。

这些脍炙人口的诗词歌赋，一直流传至今。

“餐菊落英”还曾引来诗坛一场有趣的公案。宋代王安石《残菊》诗有“黄昏风雨瞑园林，残菊飘零满地金”句，欧阳修笑曰：“百花尽落，独菊枝上枯耳。”因戏曰：“秋英不比春花落，为报诗人仔细看。”向有“拗相公”之称的王安石反唇相讥曰：“是岂不知楚辞‘餐秋菊之落英’，欧阳几不学之过也。”中国菊花品种之多，难倒了博学的欧阳修。

菊花的花瓣不大，但是很多，众多花瓣紧紧地抱在一起，给人一种团结的感觉。正是这种团结的精神，才能让它们不畏秋天的寒冷，在严寒中绽放。盛开的菊花，红的像火、黄的像金、白的像雪、粉的像霞，在绿叶的衬托下，显得更加娇媚。菊花虽然没有牡丹、玫瑰那样艳丽，但是，玫瑰与牡丹到了秋天就会凋谢，而那时的菊花，却迎着寒风傲然开放，装点着秋天。在百花凋零、万物枯黄的时节，菊花能经受得住风霜严寒的考验，它的坚强与勇敢，令人钦佩。

菊花的“团结、高洁与坚强”告诉我们，无论在多么严酷的环境中，只有团结起来，共同努力，才能获得力量；只有坚持自我，不向世俗低头，才能脱颖而出；只有敢于拼搏，勇于奋斗，才能得到锤炼，才能生存下来，赢得最后的胜利。正像宋代诗人郑思肖所讲的“花开不并百花丛，独立疏篱趣未穷。宁可枝头抱香死，何曾吹落北风中”。

六、插花的艺术

插花是以“花”为主要素材，结合瓶、盘、碗、缸、筒、篮、盆等花器，表达特定寓意的一种盆景类的花卉艺术行为。插花作品常被国人视为“天人合一的宇宙生命之融合”。

插花艺术最早发现于公元前2500年埃及贝尼哈桑墓的睡莲瓶壁画，并在随葬品中发现有鲜花，这是世界上最早制作的“干燥花”。在我国，插花艺术也有两千多年的历史，最早的发现是河北望都东汉墓道壁画中“六枝红花的圆盆”。唐朝时期插花艺术已在宫廷和寺庙中盛行起来；宋朝插花艺术已在民间普及，颇受文人墨客的喜爱；明朝插花艺术达到了鼎盛期，并在技艺和理论上达到相当高的水平，著作有张谦德《瓶花谱》、袁宏道《瓶史》等；清朝到近代，插花艺术没有得到发展，甚至在民间失传。

插花艺术源于人们对花卉的热爱，通过特定花卉的艺术形式定格，表达一种生活意境或对生命的感悟。日本的插花艺术源于中国的唐代，公元 6 世纪，日本天皇派特使小野妹子从中国带回日本，并在日本得到了高度的发展，形成了具有日本民族文化特征的艺术形式之一——花道。

插花不是单纯的多种花材的组合，它不过分要求花材的种类和数量，而是强调花材的色调、姿态和神韵之美。风格上，强调自然的抒情，优美朴实的表现，淡雅明秀的色彩和简洁的造型。现代插花艺术更是如此，即使一种花材构图也可以达到较好的效果。不同的构图以及与不同花材、花器组合，达到的效果是完全不同的，这就是插花艺术的表现力。

插花艺术讲究的是作品的意境，注重构图立体感和空间感，给人想象的余地。它可以采用生活中最常见的普通材料创造出高雅情趣的艺术品，这就是插花的魅力。一件赋予艺术魅力和生命力的优秀作品，源于作者能捕捉自然界最美的瞬间的视角和独特的个性，以及深厚的艺术表现力。

花卉艺术作品创作过程就是舍弃的过程，为了能够完整表达意境，即使生长再好的花枝也要敢于修剪，要舍得。只有先舍才能后得，舍弃多余的枝丫就能突出要表达的主题。就像人一样，一定要摒弃贪欲。人若被贪欲、享乐缠身，必无所作为。只有把生命中的旁枝末节去掉，才能心无旁骛，直达目标。花木修剪时也讲究上轻下重，使其具有稳重平衡感。同样，做人做事也要沉稳踏实，注重基础，弄清浮华和实质，才不会飘飘然迷失自我。

第三节 ●○ 大树与人生修养

树是具有木质树干及树枝的植物，可存活多年，是木本植物的统称。一般将乔木称为树，有主干，植株单一，分枝距离地面较高，可以形成树冠。树有很多种，一般分为乔木、灌木和木质藤本。树木主要是种子植物，蕨类植物中只有树蕨为树木，在中国树木大约有 8000 种。

树主要是根、干、枝、叶、花果五部分组成，树根一般在地下。树干由外向内分为树皮、韧皮部、形成层、边材、心材五层。树皮是树干的表层，可以保护树身，并防止病害入侵；在树皮的下面是韧皮部，主要是纤维质组织，负责运输，把树叶中光合作用的产物糖分运送下来；第三层是形成层，这一层较薄组织是树干的生长部分，树干所有的其他层的细胞都是形成层细胞分化演变而来；第四层是边材，这一层负责把水分、无机盐和矿物质由根部运到树叶，此层通常较心材色浅；第五层就是心材，心材是老化的边材，边材与心材一起为木质部，树干绝大部分都是心材。

树木不仅提供果实、遮阴，大量树木聚集在一起形成森林，还可以调节气候、蓄积雨水、防风固沙和保持水土，木材可用作建筑材料和多种工业原材料，木炭可以用来加热及烹煮。森林还可以从空气中吸收二氧化碳，将大量的碳储存在组织内和固定在土壤中。森林在减少土地侵蚀及调整气候上起着相当重要的作用。树木和森林是许多物种的栖息地，尤其是鸟类。热带雨林是世界上生物多样性最丰富的地方之一。现在，由于工农业对土地的侵占，局部地区受到荒漠化和沙漠化的侵蚀；人类的乱砍滥伐的破坏，导致全球的森林面积正在下降。

春去秋来，四季更替。树木也是如此，有生机勃发的萌芽期、生机盎然的绿叶期、多彩多姿的盛花期、硕果累累的丰收期、功成圆满的落叶期、饱经风霜的干枝期。一年中的大树，虽然有不同的姿态，但是树叶、树干（茎）、树根都有不同的分工，它们默默无闻地坚守自己的岗位，各司其职，它们既有联系，又各自独立，为了一个共同的目标——大树的成长，相互协调，相互制约，不断奉献自己。

一、树根的奉献与拼搏

根，一般是植物体生长在地面下的营养器官，土壤内的水和矿物质通过根进入植物体的各部分。当水分和养分不足时，植物就会萎蔫枯死。树木的根有主根、侧根之分。

树根的顶端具有大量的分生组织，是树根最活跃的部分，特别是侧根，树木根系的侧根彼此相连，纵横交错，形成了复杂的网络系统，是树木根系中最为活跃的部分。侧根的末端生有大量的细根（直径小于 2mm 的根），是植物根系中最重要的组成部分，庞大的细根是大树获得水分、养分和能量的主要途径；同时，由于细根生长迅速，生命周期短，完成使命后就凋亡了，失去生命的细根将自己的“躯体”奉献给了土壤。细根的“回归”对生态系统地下碳分配和元素再循环有着重要的影响，它是土壤肥力维持和碳循环的重要来源。细根代表着地下生物量和养分的动态部分，也是自然和人工生态系统的净生产力的主要组成部分，所以细根生产和循环直接影响着陆地生态系统的生物化学循环(Vogt 等，1996)。树根可为植物的生长提供水分和养分，也可将碳转入地下碳库。因此，树根在全球碳循环中具有重要作用。

树根还有向水性的特点，这是植物根系的明显特征，没有水植物无法生长。尤其是生长在干旱环境中的植物更是如此，如荒漠中的胡杨树，其根可扎到 20m 以下的沙土层中吸取水分，达到枝繁叶茂。胡杨树在如此极端严酷的环境中仍具有强大的生命力。顽强拼搏的精神告诉我们，只有筑牢基础、敢于拼搏，才能有更好更大的发展。

树根不仅给树提供养分，还具有保持水土的作用；根系与土壤之间很强的摩擦力、根系的抗拉强度及其综合作用，都是增强土壤黏聚力的因素；树根还可以有效促进土壤微生物的活力和数量的增加，改良土壤的物理性状和肥力，促进土壤团粒结构的形成和增加土壤营养。

树干、树枝和树叶构成了地面上的树冠，所以树冠与树根必须维持一个合适的比例关系，树根对于土壤的吸附力必须能承受树冠的压力和树冠所受的风力，否则，树干就会倾斜或是倾倒以至于连根拔起。树木能正常支撑于地面，就是因为这种树干与树根受力的平衡。因此，树根不仅是养分的供应者，还必须时刻“抓紧”土壤，稳定树干，抵抗由于自然界的风雪、地球引力或是其他人为因素给予的外力干扰。

同样，人要想事业成功，就不能计较得失，不断学习、不断进步；人要想有所作为，就必须筑牢基础、不畏艰难、勇于拼搏。不想吃苦、不想奋斗的人迟早会被淘汰，生命的温床往往孕育生命的灾难。人在成长过程中，不仅需物质财富，还需阅历、能力、智慧等精神财富，更需经受适当的艰辛与磨难。

二、树干的担当与坚韧

树干是联系着根、叶，输送水、无机盐和有机养料的轴状结构。树干具有向上生长的特性。树干除了具有输送和支撑作用之外，还能制造和储藏养料，进行营养繁殖。

1. 树干的输送功能

树干的输导和树干的结构紧密相连。树干维管组织中的木质部负责把根部吸收的水分和无机盐送到树干的各个部分，韧皮部负责把叶光合作用的产物输送到植物体的各个部位。水分、无机盐和有机营养物质，是植物正常生长不可缺少的条件，树干的输送是一个非常复杂的生理活动，它和叶的光合作用、蒸腾作用、呼吸作用等密不可分。

2．树干的支撑功能

树干内部的机械组织构成了它的支持系统，机械组织由大量的纤维和石细胞组成。机械组织就像建筑物的钢筋混凝土，构成了坚固有力的支撑结构，担当巨大的支撑作用。树干不仅要承受庞大的枝叶和大量的花、果的压力，还要抵御自然界的强风、暴雨、霜雪，没有坚强的“身体”和坚韧不拔的毅力是难以胜任的。

3．树干的储藏和繁殖作用

树干在输导水分和养分的同时，还储存树叶通过光合作用产生的养分，不断地成长、壮大自己的身体，没有强壮的身体，就不可能支撑秋天丰硕的成果，不可能抵挡恶劣气候的侵袭。树干的责任造就来了它必须强壮。强壮的“身体”也给人类带来了巨大的福利，成熟的树干不仅提供了大量的木材和工业、药用方面的原料，还在工农业以及其他方面的建设起着巨大的作用，它是人类社会离不开的基础原料。

树干下连着根，上载着枝叶，支撑着整个树体，抵御着严寒酷暑和狂风暴雨。幼树在岁月的磨砺下逐渐成长为一棵树干挺拔、枝叶繁茂的参天大树，是一个艰苦而漫长的过程。常言说，十年树木，百年树人。人生亦然，梅花香自苦寒来，不经历风雨，何以见彩虹。人要有顽强的毅力，经过磨炼，才能百折不挠，成为栋梁之材。

美国一位农场主用铁链将公牛拴在一棵榆树的树干上。公牛经常拖着铁链围绕榆树游走，日复一日，年复一年，树干被铁链勒出一道沟痕，几年后，铁链已深深地嵌在树皮中。意外的是，当地遭到“荷兰榆树病”的袭击后，唯独这棵榆树傲然挺立，原因却无人知晓。植物病理学家对这棵神奇的榆树进行观察和研究，发现正是铁链拯救了榆树的生命。榆树从生锈的铁链中吸收了大量铁元素，从而对致病菌产生了很强的免疫力。榆树的故事告诉我们，曾经的苦难或许正孕育着未来的希望，过去的创伤或许正是我们应对生存危机的力量。海明威曾说：“生活总是让我们遍体鳞伤，但到后来，那些受伤的地方一定会变成我们最强壮的地方。”

三、树叶的进取与回馈

叶是种子植物制造有机物的重要器官，是光合作用的场所。光合作用所储藏的能量存在于其所合成的有机物当中，人类现在使用的煤炭、石油、天然气都是亿万年前绿色植物通过光合作用储存的能量；光合作用的产物不仅供植物自身生命活动所需，还是地球上所有其他生物（包括人类在内）食物的初级来源，同时绿色植物也为人类工业生产和生命活动提供了的丰富的原辅材料。可以说，今天人类的食物、部分工业原料和主要能源（煤炭、石油、天然气），都是直接或间接来自光合作用。

树叶的光合作用效率不仅取决于叶绿体内基粒的数量，还与植物本身的蒸腾作用、呼吸作用、环境温度、光照强度有密切的关系。自然界一个很有趣的现象就是植物的趋光性，尤其是向日葵，它的茎部含有一种奇妙的植物生长素，这种生长素怕光，遇光线照射，它就会到背光的一面去，同时刺激背光一面的细胞迅速繁殖，所以，背光的一面就比向光的一面生长得快，使向日葵产生了向光性弯曲。成长中的向日葵可以跟随太阳从早到晚转 180°，待晚上再转回去，第二天又重复这一现象。维吉尼亚大学、加州大学戴维斯分校以及伯克利分校的生物学家对此现象进行了研究，发现被束缚住不能转动的向日葵与能够自由转动的向日葵相比，生物质量少了 7.5%、叶面积小了 11%，可见向日葵面向太阳光有增加光合作用产率的能力。由此可发现，趋光性可以提高光合作用效率。也正是由于植物的趋光性，森林里的大树生长有一定的规律，经验丰富的林业工作者，可以凭借大树的树冠形状、树叶的分布、树干的生长特性，确定东西南北方位。在古代，我们的祖先穿越森林时就知道利用这个方法辨别方位，这也是大自然对人类的回馈。因此，生活中我们要养成善于观察、善于思考、善于从自然中寻找知识的习惯。

四季更替的变化，对树叶的光合作用有很大的影响，特别是温度、光照。春天到来，万物复苏，树木也随着温度升高开始发芽、出叶；到夏季、秋季，植物本身呼吸作用和蒸腾作用加快，为了满足自身营养物质的需要和代谢的要求，叶子逐渐增大叶面积和叶绿体数量（叶子颜色加深），以吸收更多的太阳光，获得更加高效的光合作用，储藏大量的能量和营养物质。冬天来临，果实收获，北方的植物进入休眠期，叶子的使命告一段落。叶子颜色由绿色逐渐变为黄色或红色，给五彩缤纷的世界增添了一抹靓丽的色彩，之后翩然落地，完美谢幕。

树叶通过光合作用获得能量和物质，无私地滋养着整个大树。然而，随着深秋的到来，树叶凋零，回归大地，落叶中大量的有机物在微生物分解下又转化为土壤的养分，滋养树根，树根又吸收养分滋养整个大树，周而复始，保证了大树的生生不息。树高千尺，落叶归根，植物尚且如此，何况拥有智慧和情感的人呢？一个人拥有的成就再大，也不能忘本；离开时间再长，最终也要回归故土。人永远也不能忘记养育和培养他的父母和师长，以及一切有恩于他的人，要学会感恩，学会奉献，学会回馈社会。

春夏之际，树叶摇曳，悠闲自得，舒适安逸；秋冬相交，枝繁叶茂，硕果累累，烂漫鼎盛；寒冷的北风悄悄袭来，树叶支离破碎，魂归大地；福兮祸之所伏，祸兮福之所倚。这就是事物变化的规律。人在幸福时勿得意忘形，取得成绩时也莫骄傲自满；人在低谷时莫心灰意冷，遇到挫折时不要一蹶不振。

叶子光合作用的能量主要来源于太阳光中的可见光。植物生长需要尽可能充分地利用太阳能，这就需要叶中吸收太阳能的色素分子不断选择、不断进化，从而使植物利用太阳能的能力最大化。红光和蓝紫光是可见光的主要组成部分，其互补色是绿色。只有叶绿素的绿色才能高效地吸收和利用可见光中的红光和蓝紫光，使光合作用效率最大化。树叶选择的叶绿素分子是植物千百万年来为充分利用太阳能，自然选择和进化的结果。这也是世界上几乎所有植物的叶子都呈绿色的原因所在。总之，一切生物的进化，本质都是其分子的进化。

自然界中一切生物的生存竞争，都是围绕着最大限度地获取能量和物质而展开的。生物界自然进化的基本准则是利益至上，获取能量和物质是一切生物发展的原动力，是其选择和进化的指南，这就是达尔文进化论的核心所在。然而，达尔文进化论只适用于没有情感的植物界和缺乏智慧的动物界；对于位居动物界顶端、有情感、有智慧、会语言的人类而言，达尔文的进化论是不完全适用的，有的时候是完全不适用的。对于人类来讲，进化的准则不只是需要低层次的物质利益，还需要高层次的精神利益，如和谐、善良和正义等。所以，物质利益和精神利益并重，是人类与其他动物区别的根本所在。

四、根、茎叶的协作与共赢

在树木生长过程中，茎叶所需要的水分和无机养分，都来源于根，并依靠根的支撑，开枝散叶，以发挥其光合作用的功能。根又依靠叶的光合作用获得它所需要的有机物。“根深叶茂”“树大根深”，正是说明根与茎叶之间存在相互依存的辩证关系。可见，分工合作、相互配合是任何一个事物必备的基本素养，是走向成功的有效途径。树叶、树干和树根紧密相连，没有高低贵贱之分，各司其职，缺一不可，从而形成一个具有旺盛生命力的整体。这就是自然界不偏不倚的“和谐社会”典范，永远值得人类学习和借鉴。

一个集体或团队也应具备合作奉献精神。团结就是力量，合则赢，分则散。合作、奉献永远是人生成就大事的垫脚石。总之，人要像根那样奉献拼搏，宁静致远；像茎那样勇于担当，坚韧不拔；像叶那样不断进取，感恩回馈。

自从有人类以来，树就与人的生活息息相关，它为人们提供食物、生火取暖、遮风避雨、制造工具等。在人类发展过程中，产生了许多与树有关的成语，留给后人许多可借鉴的经验和启示。例如：树大招风，提醒我们低调是很必要的；玉树临风，暗示我们形象是很重要的；火树银花，告诉我们有耕耘就有收获；蚍蜉撼树，提醒我们做事要量力而行；独树一帜，告诉我们创新才有生命力；枯树开花，提醒我们希望是不能随便丢掉的；一树百获，告诉我们培植人才能够长期获益；树欲静而风不止，喻示我们凡事不会都尽如人意；树倒猢狲散，提醒我们所依附的人或势力一旦垮台，大家可能会一哄而散；如此等等。

另外，从一棵大树取一根树枝，树枝放大的形状和这棵树一样；从一根树枝取一片树叶，叶脉的形状同样和这棵树一样；从一片树叶取一个细胞，该细胞包含了这棵大树的全部信息，用这个细胞完全可克隆出一棵同样的大树。自然界中一切生物的本质信息都隐藏在其微观的遗传物质当中，宏观事物是微观分子的结合体，不论宏观事物的结合体有多大，它都会包含微观分子的基本信息。人们对宏观世界的理解最终取决于对微观世界的认识，微观世界的研究成果最终会影响到整个宏观世界，如使用转基因技术必然会形成新的物种。所以，对微观世界的认识必然会影响我们的自然观、社会观、人生观，最终改变我们的世界观。

事物的大小是相对的，大中有小，小中见大。事物的现象分宏观和微观两部分，宏观现象容易被人发现和理解，微观现象则不然。透过现象看本质，这个本质就是隐藏在事物内部的不易被人发现的微观道理。只要我们勤思考、多实践，一定会有新发现、新作为，一定会从自然走向自由。

自然进化是世界上一切进化的根本，自然进化决定人类进化，故人要尊重自然，保护自然。自然界是“和谐社会”的典范，互利共生，协作共赢，值得人类社会学习和借鉴。所以，人不但要协调好人与自然的关系，还要协调好人与人的关系，既要追求物质利益，还要追求精神境界。人类的思想与人类对自然界的认识密切有关。对自然界的认识越深刻，对人文的理性思考越多，人类的思想和智慧才会更容易上升到一个新的高度。只有对自然界的认识进一步提高，自然科学和人文科学才能不断进步，也只有科学精神与人文精神互相促进，互相渗透，即物质文明与精神文明协调发展，社会才能和谐、进步、可持续发展。

第五章

人类的健康与疾病

自然界是人类生活和社会发展的基础。在人类进化的几百万年中，人类经历了“认识自然、利用自然、保护自然”的发展历程。在这个循环往复的发展过程中，人类经历了无数的生存、饥饿、瘟疫、疾病和死亡的威胁以及寿命的困扰。在抵御威胁、解决困扰的实践中，人类形成了一定的生存机制和生活习惯，并蕴含在人类的发展轨迹和社会活动之中。它们是人类千百年来的生存经验和智慧，是人类长期适应自然的智慧结晶和宝贵财富。尽管自然界和人类社会在不断发展变化，但是这些经验和智慧仍然可以给人以启迪和借鉴，值得我们去探索和思考。

第一节 ●○ 人体温度与健康

生物学上按照体温变化把动物分为恒温动物和变温动物。恒温动物是指自身具有比较完善的体温调节机制，能在环境温度变化的情况下保持体温相对稳定的动物，如：鸟类和哺乳类动物。变温动物（俗称冷血动物）是体内没有自身体温调节的机制，仅靠自身行为来调节身体热量散发或从外界环境吸收热量，来提高自身体温的一类动物，地球上的大部分动物都是变温动物。恒温动物可以在较大范围的外界环境温度下，保持较高的运动水平，能适应更复杂的环境，相对于变温动物具有较高适应环境的能力和优势；而变温动物则不然，它们的各种行为受环境温度的影响很大，在低温时还需要进行休眠来维持生命。

人类属于恒温动物，恒温动物在自然进化的过程中，已经形成了一套完整的体温调节机制，体温基本维持在 36.5～37.2℃。恒定的体温是保证新陈代谢和正常生命活动的必要条件。人类的体温不是一个固定的点，而是一个范围，它会因为人的性别、年龄、人种、所处环境、机体状态不同而不同。

一、体温与环境

200 多万年前，人类在非洲大陆刚刚出现，这时候非洲大陆白天的平均气温在 25℃左右。适应环境就得以生存，不适应就淘汰。因此，在自然界的优胜劣汰的进化过程中，人类为了生存就必须得适应环境，从而逐渐形成了一套严密的体温调节机制。那么，人类进化过程中体温与环境之间有哪些科学规律呢?

恒温动物由于维持自身生命活动的需要，体内新陈代谢率很高，大量的热量要释放出来。按照热力学原理，热量在两个介质之间传递，二者必须有温差，温差大小与传递速率有关。因此，恒温动物的体温必须高于外界环境，才能发生热量的传递，将自身体内的热量散发出来，以利于生命活动的正常进行。所以，人类的体温起码要大于 25℃。人类体内的生命活动离不开生物酶的参与，所有生物酶活性的最佳温度不能超过 42℃，若体内环境温度超过 42℃，体内多数酶将失去活性，生命的代谢活动就会终止，人体的生命也就会结束。由此可知，人类的体温至少应在 25～42℃之间。

人类适应环境温度的本领还是很高的，既能适应高温，也能忍受寒冷，但这是有一定限度的。比如，在赤道附近，有些地方气温可达50～60℃，但是人类还是生活得很好；北极地区冬季气温最低可达-46℃，夏季最高气温很少超过10℃，然而，因纽特人在屋内点燃动物油的情况下，最冷的天气里也能光着上身酣睡。有人做过实验，发现人在不同环境温度下的耐受时间存在较大差异，见表5-1和表5-2。

※ 表5-1 人类的耐热时间

环境气温/℃	71	82	93	104
坚持时间/min	60	49	33	26

※ 表5-2 人类在不同海水温度中的耐受能力

海水温度/℃	0	5	10	25
坚持时间/h	0.25	1	3	24

由此可见，人类也具有精确的体温调节的机制，可以帮助人类保持恒定的体温，一定范围内适应环境。

当人体温度接近25℃时，体内生物酶的活性就会下降，体内各种生化反应的进行就会减缓或暂停，不利于新陈代谢。当人体温度接近42℃时，虽然散热速度加快，但是体内生物酶活性由于温度过高而下降，不利于新陈代谢的进行。人类在进化过程中，为了发挥人类适应环境的最大能力，逐渐在既能高效发挥体内新陈代谢能力、又能合理散发体内产生的热量之间，找到一个体温平衡点，这个温度就在37℃附近。科学计算也给出了证据，人们利用热传导学的原理计算发现，人类体温在37℃时正常活动的产热率和其在环境温度在27℃时的散热率大致相等。这也就是为什么人类在环境温度为27℃时感到最舒服的原因。从人体散热的角度来看，人体温为37℃时，最宜保持体温恒定。研究还发现，人类体温恒定，有利于大脑稳定工作，从而保证了人类各器官机能的正常发挥和新陈代谢的有序进行，其中蕴含的科学道理，现代科学还无法解答，有待于人类的进一步探索和发现。大自然赋予人类的科学奥秘很多很多，绝大多数我们还没有发现。

二、体温与代谢能力

人体内部的温度称为体温。保持恒定的体温，是人体保证新陈代谢和生命活动正常进行的基础条件。体温是物质代谢转化为热能的产物。人类的正常体温是相对恒定的，它通过大脑和下丘脑的体温调节中枢来控制人体产热和散热的动态平衡。在正常情况下，人体体温升高时，机体通过减少产热和增加散热来维持体温相对恒定；反之，当人体体温下降时，则机体通过增加产热和减少散热，使体温保持在正常水平。人体体表和身体深部的温度略有不同，深部的体温较为恒定和均匀，称深部体温；而体表的温度受多种因素影响，变化和差异较大，称表层温度。我们一般所指的体温通常以口腔、直肠和腋窝的体温为代表，其中直肠体温为36.5～37.7℃，最接近深部体温，口腔舌下温度比直肠温度低0.2～0.5℃，腋下温度36.0～37.0℃。正常体温的标准是多数人的平均值，并非为个体的绝对数值。人体正常体温平均在36.0～37.0℃之间，超过37.0℃就是发热，37.3～38℃是低热，38.1～41.0℃是高热，成人41.0℃以上随时会有生命危险。

人类的新陈代谢是体内全部生物化学变化的总称。正常情况下，其中的生物化学反应都是在酶的催化作用下进行的。新陈代谢分为物质代谢和能量代谢。物质代谢就是指人与外界环境之间的物质交换和体内的物质转化过程。能量代谢是指人体与外界环境之间能量的交换和生物体内能量的转变过程。人类的体温要靠体内新陈代谢维持，体温变化又直接影响新陈代谢的快慢，二者相互联系，又相互影响。人类的新陈代谢率随着性别、年龄等的不同而有所不同。一般来说，平均新陈代谢率男子比女子高，幼年比成年高，年龄越大，代谢率越低。

人类食用外界的物质（食物）以后，通过消化、吸收，把可利用的物质转化、合成自身的物质，同时把食物转化过程中释放出的能量储存起来。人体自身的物质经过分解变化，把储存的能量释放出去，供生命活动使用，同时把不需要和不能利用的物质排出体外。这就是人体的新陈代谢，新陈代谢是人体不断进行自我更新的过程。如果新陈代谢停止了，人的生命也就结束了。

人体在25～30℃环境中能量代谢最为稳定。气温高于或低于这个范围，产热量均有所增加。环境温度过低可能引起不同程度的颤抖而代谢升高，增加产能，降低体表循环（此时我们常常感到皮肤收紧），以抵御寒冷；当环境温度较高，因为散热而需要出汗，呼吸及心跳加快，代谢升高，促进体表循环加快，提高散热速度。

人们由于长期昼夜有规律的生活方式的变化，如活动、代谢、血液循环等相应的周期性，形成了体温和新陈代谢相应的变化规律。一般来说，凌晨2：00～5：00，人体处于静息状态，新陈代谢缓慢，体温最低；17：00～19：00，人体经历了一天的工作，是最疲累的时候，新陈代谢接近高峰，体温最高。然而，长期从事夜间工作的人群，体温波动规律则出现夜间体温升高、日间体温下降的周期性。

三、体温与健康

人类体温的调节由其脑部深处的下丘脑系统所控制。若环境温度太低，下丘脑就会发出“指令”，人体就会增加产热，较少散热，维持体温在一定范围，不至于散热太多影响身体健康。若身体感到太热，下丘脑就会发出“指令”，减缓体内产热的代谢活动，让毛细血管扩张，血流加快，提高散热速度；同时，激素信息“指令”汗腺，通过分泌汗液蒸发散热，协助降温。这时，下丘脑也会给脑部发出相应的“信号”，改变原来的行为状态，例如增减衣服，调节活动状态，最终达成协同维持恒定体温的目的。

人体维持体温恒定是有代价的。一般情况，维持人体 37℃需要消耗人体所获能量的 70%以上。在安静状态下体内各器官耗能分别是：大脑占 20%，肝脏占 53%，骨骼肌占 7%，其他占 10%，其中肝脏、骨骼肌等所消耗能量的 70%用于维持体温。从这里可以看出，维持体温和大脑运转占人体耗能的 70%，是人体的两个“耗能大户”，也就是说，人体有两件大事，37℃人体的物质生存和 37℃大脑的精神思考。由此可见，精神是建立在物质基础之上的，并且离不开物质的滋养，人类的精神财富是建立在大量物质财富积累的基础上的。

1．体温升高增强抗病力

人类发生疾病时往往会发热，发热本身不是疾病，它是人体内抵抗感染的一种机制。伴随着体温升高，人体可以调动机体的免疫系统，增加外周血白细胞的数量，提高抗体生成的能力；体温升高，新陈代谢加快，肝脏解毒功能加强，有利于机体对病原体的消灭。身体短时的高热，还可以直接杀灭感冒病毒，可以说，发热是有益的，它说明人体免疫系统功能是正常的、活跃的。

以金黄色葡萄球菌实验为例，在相同的培养基中加入等量的金黄色葡萄球菌，分别在 37℃、39℃、42℃、65℃下培养一定时间，染色后观察金黄色葡萄球菌的繁殖速度随温度的变化情况。结果表明，金黄色葡萄球菌的繁殖速度随温度升高而降低，在 37℃时最快，在 65℃时培养 1h 后细菌大量死亡。由此可知，蛋白质在高温下变性导致细胞体内的酶失活，说明体温升高会抑制或直接杀灭体内的病原体，故发热是人体免疫系统的一种积极的自我保护性应激反应。

2．体温升高对白细胞的影响

以金黄色葡萄球菌实验为例，观察温度对白细胞吞噬病原体速率的影响。

取0.2mL含有白细胞的抗凝血液4份，加入等量金黄色葡萄球菌，分别在37℃、38℃、39℃和40℃下培养。结果表明，随着温度升高，白细胞的吞噬能力逐渐增强。体温升高会使血液黏稠度下降，从而加快了白细胞的运动，有利于加快白细胞吞噬病原体的速率，故体温升高会增强白细胞的活力。医学研究也表明，在一定范围内，体温平均每升高1℃，白细胞吞噬细菌的能力就增加1倍。

3．体温与寿命的关系

人体体温每升高1℃，心脏跳动每分钟会增加4次，如果能将体温降下来，心跳维持在每分钟50～60次，人类寿命可延长10～20年。研究发现，如果人体体温下降3℃，其体内新陈代谢率可降低一半，机体耗氧量下降为正常的50%，细胞失活或凋亡的速度也会相应降低。这就是生活在高寒地区的人群平均寿命比生活在热带地区的人群高出10～30岁的原因之一。

4．体温的进化

斯坦福大学医学院的Julie Parsonnet教授在2020年1月7日的《eLife》杂志上发文称，在过去200多年的时间里，人类的体温一直在下降，今天观测到的体温大约是36.6℃，已经不是200年前测定的37℃。研究人员表示，体温下降是过去200年我们周围环境变化的结果，而这些变化反过来又影响了生理变化。

Parsonnet认为，由于疫苗和抗生素的出现，现代人发生感染的概率更低，因此人类的免疫系统活跃度降低，身体组织发生炎症的概率较小。炎症会产生各种各样的蛋白质和细胞因子，它们会加速人的新陈代谢，提高人的体温。从另一个角度看，现代人免疫力下降，大大提高了病毒、细菌感染和癌症的发生率。大家都知道，蝙蝠携带数百种病毒，但是它不会被感染，重要的一个原因就是蝙蝠体温能维持在40℃。科学研究发现，体温每降低1℃，免疫力就会下降30%以上；体温每升高1℃，免疫力就会提升5～6倍。这样看，蝙蝠的免疫力比人类强很多。

为什么体温降低会导致免疫力下降呢？人体内的细胞大约有60万亿个，这些细胞的营养和氧气的供给、二氧化碳和废物的排出全部由血液系统负责。体温升高，血液流动加快，所有细胞的代谢也就加快，人体内的细胞始终保持旺盛的活力，体内始终保持“清洁”。血液中的白细胞是人体的卫士，负责免疫功能。白细胞可以识别出体内的“异物”或“病原体”，并作出免疫应答。若血液流动速度快，白细胞会迅速发现病原体，把它扼杀在摇篮里。若体温降低，则血流速度慢，白细胞很难在第一时间发现病原体和调动免疫系统进行灭杀，白细胞的工作效率大大降低。可见，人类体温降低，免疫系统反应会变得迟钝、消极怠工，于是病毒、细菌、癌细胞就都有了可乘之机。

恒温动物是一个和谐体，一定范围内的体温恒定保证了机体新陈代谢的有序进行，各器官的生化反应相互衔接、协调稳定运行。恒温可使机体内所有复杂的生化反应保持在最佳的连续协调运行状态；若体温波动，体内相关的生化反应就无法衔接，无法协调和稳定运行。同理，协调稳定也是一个家庭、一个单位、一个国家乃至全世界生存发展的前提。没有稳定协调的环境，就没有各组成部分的稳定运行，也就没有个体的良好发展。我们每个人，作为大集体的一分子，要遵从自然规律，做事有度，发生极左或极右的情形都是不可取的。

事物是变化的，它具有一般性与个别性的特征，所以真理是相对的。随着自然环境的变化，全球气温的升高，抗生素药物的滥用，人类的免疫系统不断受到干扰，千百万年后人的体温会走向哪里？值得我们深思！

第二节 ●○ 生活习惯与寿命

健康是一种和谐，是人与自然、人与人、人与自身的和谐。健康包括生理健康和心理健康，健康的目的是获得更长、更高质量的寿命。寿命是指一个生物个体从出生到死亡所经历的时间。生命个体一般都要经历发育、成长、衰老三个阶段。自然界各种动物的生命长短千差万别，寿命最长的动物有北极蛤、锦鲤、乌龟、弓头鲸、格陵兰鲨等。

2006 年，科学家在冰岛附近捕捉到一只巨大的北极蛤，发现贝壳上布满了 500 多条纹理，据此推算，该北极蛤的寿命达到了 507 岁，是目前已知最长寿的多细胞个体动物。

锦鲤起源于中国，素有“水中活宝石”之称，是风靡世界的高档观赏鱼。据日本锦鲤振兴会资料介绍，日本名古屋有一尾名叫“花子”的锦鲤，1751 年出生到 1977 年死亡，寿命达到 226 年，可以说是锦鲤中的“老寿星”。

科学家研究发现，部分个体弓头鲸能活到 150～200 岁，特别是一些雌鲸 90 岁仍然有生宝宝的能力。在弓头鲸的基因组图谱中，有一个特殊基因被认为会对癌症产生抵抗力，远离了包括人类在内的许多与年龄相关的疾病。

科学研究证实，哺乳动物的自然寿命相当于性成熟期的 8～10 倍，生长期的 5～7 倍，是其细胞分裂次数和分裂周期的乘积；而人类的性成熟期为 14～

15 年，生长期为 20～25 年，人体细胞分裂次数约 50 次，每次分裂周期平均为 2.4 年。因此，人类自然寿命可达到 110～180 岁，然而人类的实际寿命很难达到这个理想值。在人类的生命过程中，究竟是哪些因素影响了人类的寿命？寿命的长短与哪些因素有关系？

一、遗传基因与寿命

不同种类动物的寿命不同，有的动物寿命仅为几个小时到几天，而有些动物的寿命能够达到几百年。物种不同，它们的基因不同，寿命也不同。因此，遗传基因决定了动物的寿命。人类的寿命与遗传有很大的关系。

人类的一生要经历发育、成熟、衰老，其中发育期很重要，发育期越长，寿命越长。发育期越长，生命构建得越精细，生命的质量和性能就越好，寿命自然也越长。做任何事情也是如此，准备阶段越长，发展就越完善，就越能经受得住时间考验。因此，我们做事要有耐心，不要急于求成，磨刀不误砍柴工，许多伟人都是大器晚成，也有其中的原因。

人类的寿命与遗传有关，遗传的信息由基因表达，不同的个体基因是不相同的，因此同一物种不同个体的寿命是不同的。研究发现，几乎所有百岁老人的基因都是比较完美的组合，有益基因多，有害基因少，因此患病风险小，寿命长。

人类的基因序列中有些片段和构造会对人的寿命造成影响，目前，人们已经发现许多与长寿有关的基因。科学家通过对人类基因图谱的研究发现，人体的 4 号染色体上存在着长寿基因。美国的科学家发现长寿基因载脂蛋白 APOE 是一种在脂质和脂蛋白代谢中起重要作用的血浆蛋白，人类有三种主要的 APOE 亚型：APOE2、APOE3 和 APOE4。APOE2 基因具有增强内分泌的功能，可以抵抗疾病的侵害，从而起到延长寿命的作用；而 APOE4 基因与和年龄相关的疾病有关，比如心血管、阿尔茨海默病，进而影响人的寿命。

疾病是影响人类健康长寿的大敌，遗传因素是某些疾病的致病因素，如哮喘、心脑血管疾病、糖尿病、某些癌症等，都具有一定的家族遗传性，这些疾病的发病与基因密切相关。哮喘病的遗传受到多基因的调控，研究发现哮喘有许多易感基因，携带有哮喘易感基因的人比正常人的寿命短。糖尿病的致病因素中，遗传因素是肯定的，糖尿病患者中有家族史的约占 20%～30%。研究发现，无论是胰岛素依赖型糖尿病（Ⅰ型），还是非胰岛素依赖型糖尿病（Ⅱ型），均有明显的遗传倾向。其中引起Ⅱ型糖尿病的遗传因素明显高于Ⅰ型糖尿病。近亲结婚者得糖尿病的概率比较大，因为近亲结婚不仅使有糖尿病遗传基因的后代人数增多，而且也使后代更易患病。西太平洋国家斐济印度族近亲结婚盛行，糖尿病发生率很高，就是有力的证明。

科学研究发现，绝大多数癌症不会遗传，但也有约 10%～15%的癌症是遗传造成的。在流行病调查中，的确存在癌症家族性暴发的记载，如：拿破仑一家，其父、祖父、3 个姐妹和 4 个兄弟及其本人都死于胃癌，癌症的家族性能够说明其具有遗传性。其中结肠癌、乳腺癌、肝癌、胃癌遗传性最强。结肠癌与饮食习惯密切相关，在家庭中如果父母患有因多发性结肠息肉瘤导致的结肠癌，其子女患上同类癌症的可能性高达 50%。乳腺癌，家族中母亲或姐妹曾患有乳腺癌的女性，本人乳腺癌的发病机会比一般女性高 3 倍。肝癌，如果父母被查出肝癌，子女是一级预防对象，因为乙型肝炎病毒的垂直传播，易造成肝癌的家族聚集倾向，我国 85%～90%的肝癌患者都来自乙肝。胃癌的遗传倾向相对于其他癌症更明显。在我国，家庭成员同吃一盘菜，互相感染幽门螺旋杆菌的可能性较大，而感染幽门螺旋杆菌可能是诱发胃癌的主要因素。

如果家族中有某种癌症的遗传史，首先，做好自我保健，改变不良饮食习惯，清淡饮食，少吃油腻、熏烤食物，戒烟限酒，多吃红薯、西蓝花、食用菌等健康食品。其次，养成良好的生活习惯，保持自身免疫系统的健康状态。如：加强体育锻炼，保持良好的心态，作息规律，远离污染。

长寿无疑是人们渴望的，但不见得所有人都能长寿。通过对长寿老人的分析发现，他们往往很少生病，免疫力是比较高的，换言之，免疫力高的人，更容易长寿。然而，免疫系统的强弱与遗传因素有很大关系。某些传染病的抵抗力可以通过父母遗传给后代，有此抵抗基因的人比普通人的寿命长。科学研究发现，疾病抗性基因会通过家族遗传和自然选择进行放大，如果有一位亲属携带一种传染病的抗性等位基因，那其他家庭成员感染相同疾病的概率也会降低。英国伯明翰大学的科学家发现，DAF-16 基因活性高的人群，免疫力和抵抗力比其他人群要高，且其寿命也长。

自然界中，性别差别也是造成寿命不同的一个重要原因。通常情况下，雌性动物要比雄性动物寿命长。人类也是如此，从不同国家在不同时期男女平均寿命统计结果来看，历来女性寿命长于男性；随着人类寿命的延长，男女平均寿命的差别更为明显。从遗传学上讲，男女寿命的差别，本质是由于性染色体的差异造成的，进而造成了男女结构和功能的区别。女性为 XX 配型，而男性为 XY 配型，

X 染色体粗大，具有完整的遗传信息，还有许多能清除自由基的基因；Y 染色体弱小，所含遗传成分很少。女性有两个 X，男性只有一个。如果女性的某一个 X 染色体上有一个致命的遗传性疾病的基因，则第二个 X 染色体则有可能提供一个修复这种状况的基因。而男性只有一个 X 染色体，一旦有一个致命的基因，则没有修复的机会，容易潜伏遗传性疾病。故女性综合抵抗能力和抗氧化衰老的能力比男性强。另外，女性承担着孕育、生产、哺乳、培育后代的重任，其寿命要比男性长才能完成这些使命。后天因素中还有一个重要的原因，男性的能量消耗比女性大 30%～40%，男性一般从事的体力劳动更复杂、更艰巨，特别是战争和各种意外事故男性死亡也较多；在各种社会因素的作用下，精神与身体的过度损伤男性较女性相对较多，也会对男女寿命差别起一定叠加作用。

总之，人类寿命的长短与基因有很大的关系。人们已经发现了许多影响寿命的基因，但是还有许多调控寿命的基因未被发现。人们只有完全解读了“人类基因图谱”，才能真正了解人类寿命的奥秘。

二、科学饮食与长寿

长寿几乎是全世界人民的追求。在中国历史上，许多帝王想尽一切办法求仙丹、服妙药，以求延长寿命，甚至长生不老。人的长寿与多种因素有关，其中饮食是很重要的一个方面。

人类所食用的食物多种多样，有些食物常食有益于健康，延长寿命；有些食物常食则会损坏健康，缩短寿命。如多酚类食物（绿茶、紫葡萄、蓝莓、葡萄酒等）、富含不饱和脂肪酸类食物（如鸡肉、鱼肉、植物油）、富含维生素及纤维素类食物（蔬菜、水果等）、高蛋白低脂肪类食物（如蘑菇）都是利于健康长寿的食品。而煎炸、熏烤、腌制等高油高盐高脂类食物对健康不利，有损于寿命。

天然食物与人工合成的食物相比，天然食物更有利于人类的健康长寿。随着现代经济的发展，人们对食物好坏的判断标准出现了偏差，错误地认为价格越贵、包装越好、广告宣传得越好、所谓科技含量越高的食品越有营养。如：1 瓶苹果汁所含的营养并不比 1 个苹果所含的营养价值高，且营养成分种类也远不及苹果齐全。因为在果汁加工过程中，苹果所含的许多营养成分被破坏了，特别是苹果汁中加入了许多化学添加剂，如防腐剂、增稠剂、抗氧化剂、人工色素、香料以及在加工包装过程中带入的许多重金属和有机污染物等，这些物质都可能对人体的健康长寿带来潜在危害。如此看来，大自然给予人类的是最好的，天然食品不但成本低，而且营养全，有利于人体的营养平衡和健康长寿。

人类在饮食过程中，还应注意饮食平衡，摄入各种不同的营养成分以满足人体的基本生理需求，某种元素过多或过少都会影响人的健康，饮食平衡对于人的健康长寿也是不容忽视的。调查发现，全世界的长寿老人几乎都喜欢吃大量的新鲜蔬菜和谷类食物，常常食用素油、鱼、动物性脂肪较少的食品，他们都能保持食不过饱、饮食规律、从不挑食的良好饮食习惯。

古人云，所食欲少，心愈开、年愈益；所食欲多，心愈塞、年愈损。这表明节制饮食可以延年益寿。从 20 世纪 30 年代开始，科学家开展了一系列动物实验，发现每日减少 25%～50% 的卡路里摄入，可以有效增加啮齿类动物（大鼠和小鼠）的生存寿命。之后，科学家从孔雀鱼到猴子的各种动物试验中，也都得到了同样的结论。2017 年，*Science Translational Medicine*（《科学转化医学》）杂志中刊登的临床试验证明，科学的节食可以有效地降低血脂、腰围、血压等指标。同年 9 月 14 日，刘易斯-卡莰医学院（LKSOM）的研究人员在 *Nature Communications* 在线发表论文，首次揭示了表观遗传学随年龄而变化的速度与物种的寿命相关，而热量限制减缓了这一变化进程，从而间接地解释了热量限制对寿命的可能影响。

动物少吃可以限制热量，从而延长寿命。人类也是如此，越贪吃、贪财的人越劳神费力，寿命越短；越清心寡欲者能耗越少，寿命越长。

现在有关饮食与长寿的报道和书籍遍地都是，提出了诸多论点，有的甚至互相矛盾，让人无所适从。其实，每个人的体质是不一样的，适合他人的不一定适合自己。只要我们记住“少吃、少贪、清心寡欲即可延长寿命”的原则，从化学、生命科学的角度自我分析，判断食物，尊重自然规律，找出最适合自己的饮食规律，就有可能获得长寿的机会。

三、合理运动与健康长寿

生命在于运动，而如何运动则大有学问。现代社会生活中，人们忙碌于工作、学习、人际交往、家庭事务之中，生活节奏紧张、社会压力增大，普遍忽略了运动对健康的重要性。于是，由于缺少运动所导致的亚健康状态和各种疾病日益显现出来。

运动有益于健康长寿。适度的运动可以增强身体免疫系统的功能，抵御各种传染病，减少患病的概率，并且使身体的很多器官处于最佳的代谢平衡状态，有利于健康长寿。运动能延缓衰老、防病抗病、延年益寿已经得到人类的生活实践和科学研究的证实。

很多研究发现，过多或超强度的运动，会使体内各器官供血供氧失去平衡，加剧身体一些器官或系统的损伤，导致大脑早衰，内分泌系统紊乱，免疫系统受损，使机体细胞凋亡速度加快，产生过量的自由基，容易使人衰老。因此，生命在于运动，运动有益于长寿，然而运动需要适度。比如：A 每天跑 3000 米觉得刚好达到自己锻炼的目的，身体很舒服；但是 B 跑 1000 米觉得很舒服，若他跑了 3000 米就觉得太疲惫，身体负荷太大，很明显达不到健身的效果。运动的强度与运动量因人而异，每个人要根据自己的实际情况和承受能力，进行合理的适度运动。运动不仅在于调节人体各器官和系统的代谢，还在于调节人体各器官和系统的平衡。人体机能的平衡可以使人长寿，人体各组织、器官、系统功能或生理代谢活动一旦失衡，人就会生病。人体的健康平衡启示我们无论做任何事情都要遵循合理、适度、平衡的规律。

四、心态与健康长寿

对很多长寿老人的调查研究发现，长寿老人的特点首先是良好的生活态度，其次是生活规律、饮食平衡、责任心强。我国心理学家对 107 位 90～102 岁的长寿老人进行性格调查，结果表明，这些老人生活态度乐观，说话、行动平缓，心平气和，自制力强，拥有平和、善良等有利长寿的性格。瑞典一项研究表明，性格开朗的人患痴呆症的概率低于 50%，他们还不易受外界压力影响，这与他们大脑中的皮质醇水平偏低有关，这对长寿是非常有益的。美国研究人员对 700 名百岁老人进行了 3 年跟踪研究，结果发现长寿人的共性只有一个，就是良好的心态。

人体的健康长寿，不但与生理有关，与心理也有关，也就是说，心理健康有益于长寿。在当今物欲横流、压力倍增的时代，学会心理平衡就显得尤为重要。一位哲人曾说过："你的心态就是你的主人。"在现实生活中，我们不能控制自己的遭遇，却可以控制自己的心态；我们不能改变别人，却可以改变自己。因此，心态平和、善于减压、积极看待问题、拥有良好人际关系的人长寿的概率会更大。

人的一生不会一帆风顺，难免会有不尽人意的时候。调整心态，坦然应对人生中遭遇的各种挫折和磨难，才会过得自信、洒脱，才会对未来充满期待。

英国著名诗人拜伦曾说："悲观的人虽生犹死，乐观的人永生不老。"你用什么样的态度去对待命运，命运就会以什么样的方式回馈给你。

广义的动物寿命包括两个部分，物质寿命与精神寿命。精神寿命又分情感、思想两部分。动物只有物质寿命与情感寿命，而人还具有思想寿命，属于人躯体的寿命是物质寿命，属于人思想、情感的寿命是精神寿命。物质寿命是基础寿命，精神寿命是物质寿命的扩展和延伸。没有物质寿命就谈不上精神寿命，精神寿命是建立在物质寿命基础之上的。物质寿命是有限的寿命，精神寿命是无限的寿命。只有物质寿命与精神寿命同时追求，人类才能实现无限的寿命。由此可知，在保证延长物质寿命的前提下，我们应更多追求生命的宽度、深度，尽可能多地实现我们的人生价值，延长我们的精神寿命。

第三节 ●○ 人类的饮食习惯与健康

一、烧烤食品

烧烤是将食物（肉类、海鲜、蔬菜等）在火上烤熟、烹调至可食用的一种方法。

从古至今，中国饮食、烹饪经过了四个发展阶段：火烹、石烹、水烹、油烹。火烹是最原始的烹调方法，其操作方法就是烧、烤。烧烤在游牧民族的生活中占据的比例较多，在以农耕根文化为主的中原地区相对较少。但是，随着人们生活水平的提高，人们在追求食物的种类多样化的同时，烹饪样式也在不断创新化，烧烤由于取材方便、工艺简单、容易亲近大自然而逐渐成为一种饮食新时尚。

1912 年，法国化学家 L. C. Maillard 发现了广泛存在于动物性或植物性食品的煎、烤、烘、炸等烹调过程中的美拉德反应，该反应是羰基化合物和氨基化合物之间通过缩合、聚合发生的非酶棕色化反应。也就是说，在烧烤过程中，食物中的氨基酸、多肽、蛋白质和还原糖类成分在高温时发生的美拉德反应，散发出食品特有的诱人香味，同时食物的颜色发生改变，它带给人味觉享受的同时，也带来了视觉上的欣赏。

1. 杂环胺和丙烯酰胺的危害

研究发现食物烤炙过程中产生杂环胺、丙烯酰胺和多环芳烃等不利于人体健康的化合物。如，烤沙丁鱼中发现了近 30 种杂环胺，烤薯条中发现了丙烯酰胺。杂环胺的形成与烹调温度、时间、加热方式和水分密切相关。实验证实，食物在温度低于 160℃烹制时，杂环胺形成极少，随着烹制温度的升高，杂环胺含量急剧增加。食物在 200℃以上会热解形成低分子量有机胺化合物，牛肉在 250℃以上煎炸时杂环胺的含量为 200℃时的 6～7 倍。富含淀粉的植物性食品在高温下由天门冬氨酸和碳水化合物发生反应生成丙烯酰胺。研究发现，食品烹制过程中生成的杂环胺可通过动物体内细胞色素 P450 和 *N*-乙酰基转移酶 2 等途径进行代谢，杂环胺 *N*-羟基化活化易形成 DNA 加合物，引起 DNA 损伤，并产生遗传毒性。动物实验发现烧烤等食品中的杂环胺可诱发肿瘤的生成。人类长期摄入烧烤食物中的杂环胺有可能引起癌症，危害人体健康。丙烯酰胺在动物和人体内可代谢转化为环氧丙酰胺，而环氧丙酰胺是一种具有较强遗传毒性的物质，能攻击 DNA，破坏遗传物质，而且对遗传物质的破坏作用具有明显的富集作用，还可以引起哺乳动物体细胞和生殖细胞的基因突变和染色体异常。

2. 苯并芘的危害

苯并芘是一种常见的高活性间接致癌物和突变原，人体每日进食苯并芘的量不能超过 10μg，超过这个安全摄入量，就会对人体造成极大伤害。高温烹制食品是苯并芘等多环芳烃类物质的主要来源：反复使用的高温植物油、高温煎炒和爆炒的食品都容易产生苯并芘。另外，食用油加热到 270℃时，产生的油烟中含有大量的苯并芘等化合物。食物特别是肉制品直接在高温下烧烤，被分解的脂肪滴在炭火上焦化会产生苯并芘，苯并芘可以附着于食物表面或烧烤工具上，可以扩散在空气中，人体可以通过消化道、皮肤、呼吸道等途径吸入人体内而诱发胃癌、肠癌等疾病。

3. 亚硝胺的危害

烧烤食物中还有一种致癌物质——亚硝胺。一般肉制品烧烤前为了调节口味都要进行腌制，腌制环节容易产生亚硝酸盐，大量亚硝酸盐进入人体在维生素 C 缺乏的情况下会生成亚硝胺，对人体产生危害。研究证明，亚硝胺是强致癌物，有致畸和致突变作用，并能通过胎盘和乳汁引发后代肿瘤。流行病学调查发现，胃癌、食道癌、肝癌、结肠癌和膀胱癌等可能与亚硝胺有关。实验证明，维生素 C 有抑制亚硝胺合成的功能，维生素 A 和维生素 C 有阻止细胞恶变和扩散、增加上皮细胞稳定性的作用，因此每天多吃胡萝卜和西红柿是有益的。

4. 烧烤食品的其他危害

世界卫生组织曾经做过研究发现，烧烤是垃圾食品，吃烧烤与吸烟的毒性类似。科学实验证明，烧烤食品会产生许多有害的过氧化物，它们具有很大的细胞毒性作用，喜欢吃烧烤的女性，患乳腺癌和卵巢癌的危险性要大大增加。烧烤食物外焦里嫩，有的肉里面还没有熟透或是生肉，未烤熟的肉制品可能会导致食用者感染上寄生虫。烧烤食品食性偏热，易上火，中医理论认为常吃烧烤食品会严重影响体内的平衡，不利健康。烧烤中大量使用烧烤料和各种调味品，对胃肠道是强力的刺激，不利于正常消化。烧烤食品大多是高脂肪、高热量重口味食品，常吃这些食品与高血压、糖尿病、心血管疾病的发生有很大的相关性。总之，从营养、食品安全、身体健康的角度看，烧烤类食物应慎吃少吃。

二、腌制类食品

腌制就是让食盐大量渗入食品组织，通过脱水、隔氧、加味来达到保藏食品的目的，这些经过腌制加工的食品称为腌制品。腌制品常见的有腌菜、腌肉、腌禽蛋三种类型。《周礼》上记载了韭菹（zū）、菁菹、茆菹、葵菹、芹菹、治菹、笋菹七种腌制的蔬菜，可见酸菜腌制技术在当时已经被人们熟练地掌握了。在《现代汉语词典》中“菹”解释为“酸菜”。西周时期，人们就掌握了食品腌制技术，熟练腌制酸菜、肉类、果品类等食物。大量的历史文献记载和考古学研究证明，中华民族是世界上最早腌制食品的民族。食品腌制技术的发现，增加了食品收藏的时间和范围，增强了中华民族生存和发展的食物基础，为中华民族的饮食文化做出了贡献。

随着科学技术的发展，人们发现食品腌制过程中会形成大量的亚硝酸盐，亚硝酸盐过量可以使人中毒，还有致癌、致畸的作用。亚硝酸盐主要指亚硝酸钠，白色至淡黄色粉末或颗粒，味微咸，易溶于水，外观及滋味都与食盐相似，并在肉类制品中作为发色剂限量使用。如，新鲜的蔬菜中含有很大量的硝酸盐，蔬菜腌制过程中在一些细菌的作用下，硝酸盐就会变成亚硝酸盐。长期摄取大量亚硝酸盐，可以使血液中血红蛋白的铁被氧化而不能与氧结合，降低血液的输氧能力，引起高铁血红蛋白症，导致组织缺氧，甚至死亡。一般人体摄入0.3～0.5g的亚硝酸盐可引起中毒，超过3g则可致死。腌菜当中亚硝酸盐产生的高峰期在腌菜开始的第10～20天（不同蔬菜出现高峰的时间不相同）；绿叶蔬菜腌制时 1 天后即可产生大量的亚硝酸盐，7～9 天亚硝酸盐含量达到最高峰；30 天以后，亚硝酸盐含量大大降低，所以未腌透的酸菜或咸菜是不能吃的。腌制后的蔬菜所含的维生素损失较多，维生素 C 几乎损失殆尽，且腌制蔬菜中草酸和钙含量较多，已形成草酸钙极易沉积在泌尿系统形成结石。故常食腌制品会严重影响人类身体健康，应少吃、慎吃。在农村，老百姓腌制酸菜一般是一个月之后才启封食用。虽然他们不懂其中的科学原理，但是生活的经验会教会他们如何合理利用大自然的馈赠。

三、隔夜食物

隔夜食物就是当下没吃完，搁置 12 小时以上的食物或饭菜。隔夜食物无论是放置冰箱还是冬天较冷其他环境，都会有被微生物污染，特别是绿叶菜品，隔夜绿叶菜中亚硝酸盐含量增高的风险也很高。当这些食物进入人体内，不仅会带来微生物污染引发的疾病，同时，也会带来亚硝酸盐诱发的危害。

隔夜菜危害人体健康的因素是如何产生的呢？植物大多含有硝酸盐，硝酸盐本身对人体无害，但它转化为亚硝酸盐就会严重危害人类健康。一般来说，植物体内的硝酸盐转化为亚硝酸盐的途径有两条，其一，是植物体内酶的作用下转化；其二，是在微生物的作用下转化。当我们把蔬菜通过油烹或水煮等高温方式处理后，植物体内的酶大多被高温破坏，那么，硝酸盐转化为亚硝酸盐的途径只有微生物转化这一条。这样看来，隔夜菜的关键是防止微生物的污染，而微生物的生存与活性和温度有关，隔夜菜被微生物污染的风险与储存温度有很大关系。随着科技的进步，人类生活水平提高，大部分家庭有了冰箱，有的人就可以讲，我把剩菜放在冰箱，低温环境安全了，可以保存了吧？事实上，这样的观念在当今社会普遍存在。2015 年 6 月，中国疾控中心沈瑾等在《环境卫生学杂志》发表论文，他们通过检测 90 份冰箱冷藏室样品发现，金黄色葡萄球菌检出率为 7.78%，大肠杆菌检出率为 4.44%，未检出沙门菌、志贺菌、李斯特菌和耶尔森菌。同时，分离到 49 种条件致病菌。结论是冰箱冷藏室细菌种类较多，存在安全隐患，冰箱卫生问题需引起重视。

随着人们对美好生活追求脚步的加快，高品质生活越来越被重视，人们对健康的关注远胜于过去，这是观念的进步，是社会进步的产物，同时，我们要认真科学地对待每一条健康知识的来源，要去伪存真，去粗取精，不要被伪科学所迷惑而进入科学误区，影响人类健康和进步。

四、方便食品

方便食品是指提前经过多种加工工序处理好的半成品，方便于在短时间内经过简单处理就可食用的食物。如：方便面、方便米粉、方便大米和方便河粉，各式肉干、肉脯、罐头、饮料，各式速冻水饺、馄饨、面条、汤圆，藕粉、黑芝麻糊、燕麦粥等，种类繁多，风味特色各异，推广性很强的食品。

随着经济的快速发展，人们生活节奏的逐渐加快，传统的生活方式也在不断变化，为了适应快节奏的工作方式，人们在厨房的时间越来越短。特别是新一代年轻人，消费观念和生活方式发生了很大变化，方便食品越来越受到年轻人的青睐。

方便食品为了保证口味和长时间存储，一般要经过高温油炸、添加大量的抗氧化剂和防腐剂，这样就造成了方便食品的高油、高盐、高添加剂。这些因素会造成人体血管老化，诱发动脉硬化、高血压等，成为人类患各种心脑血管、肾脏和肝脏疾病的诱发因子；方便食品缺乏纤维素，长期使用会减弱肠胃的蠕动，导致便秘、胃肠胀气，可能诱发肠胃炎、肠癌；方便食品营养比较单一，缺乏维生素，经常食用会造成营养不良；方便食品中大量使用的防腐剂、抗氧化剂会在人体内聚集，一定程度会造成早衰、脂质过氧化等严重伤害人体健康的诱发因素。

实践告诉我们：为了生存、为了获取更多的收入、为了适应快节奏的生活，不注意生活质量是要付出生命的代价的。

五、烟、酒、茶与健康

1．烟

烟草从原始社会就进入人类的生活。人们在采集食物时，发现一种植物的叶子在嘴里咀嚼时会有很强烈的刺激性，可以起到恢复体力和提神的作用。于是，人们常常把这种叶子采来咀嚼，逐渐它就成了人们的一种习惯，并进入寻常人家。

诸多证据显示，烟草最早源于美洲，这个观点得到大多数人的认可。人类吸食烟草的记载起始于 14 世纪。

烟草常规化学成分主要包括还原糖、总糖、烟碱、蛋白质、矿物质元素、有机酸、酚类化合物、质体色素等，它们的含量多少决定了烟的性质和品质。烟草及其代用品烟气中发现的化合物总数大约为 8700 多种。生物碱是烟草的重要成分，其中以烟碱（尼古丁）含量最高，约占烟草总生物碱的 95%。它能刺激人的神经中枢，烟的劲头大小与烟草中烟碱的含量成正相关。

1665 年，英国伦敦鼠疫猖獗，许多人因瘟疫而丧命，但是人们发现，抽烟的人被感染的却很少。鼠疫过后人们才明白，抽烟还具有杀毒作用，为此，伦敦政府强制所有的公立学校的学生在教室吸烟，以抵御瘟疫。18 世纪，德国暴发一次霍乱，卷烟厂的 5000 名工人当中仅有 8 人得病，事实说明，吸烟对霍乱有一定的防疫作用。第一次世界大战中，法国的军队流行脑膜炎，但是医生发现，病人中 75%是不吸烟或偶尔吸烟的，健康士兵中 94%是吸烟的，这也说明吸烟对预防脑膜炎有积极的作用（田友清等，2015）。

《全国中草药汇编》记载，烟草性温味甘，有毒，具有消肿、解毒、杀虫等功效，对疔疮肿毒、头癣、白癣、秃疮、毒蛇咬伤等症有疗效，还可治疗项疽、背痈、风痰、鹤膝（包括骨结核、慢性化脓性膝关节炎等）等疾病。

现代科学研究也已证明，烟草中的烟碱，通过肺泡进入血液，穿过血脑屏障，进入大脑，对神经系统有刺激和成瘾的作用。烟碱作用于烟碱乙酰胆碱接受体，特别是自律神经上的接收器和中枢神经的接收器，低浓度时，烟碱增加了这些接受体的活性，对于其他神经传递物也有小量直接作用；高浓度时，烟碱反而对烟碱乙酰胆碱接受体的活性起抑制作用。正是由于低剂量烟碱对神经系统的活性作用，可能对自身免疫力有刺激作用进而有助于抵抗传染病。但长期大量吸烟对人体会造成不同程度的危害。

世界卫生组织曾指出，在西太平洋地区 32 个国家中，每年因吸烟死亡的人数几乎等于因酗酒、凶杀、自杀、吸毒、艾滋病、交通和工业事故死亡人数的总和。吸烟会导致人体各种组织器官的损害，诱发癌症、高血压、冠心病、脑中风、消化性溃疡、慢性支气管炎、肺气肿等多种疾病。据世界卫生组织统计，全世界每天死于吸烟的人数达 8000 人；因与吸烟相关的疾病死亡的人数每年高达 600 万，全世界平均每 6 秒钟就有 1 人死于与吸烟相关的疾病；因二手烟暴露所造成的非吸烟者年死亡人数约为 60 万；有 16.5 万名儿童因二手烟雾引起的下呼吸道感染在 5 岁之前死亡；全世界癌症患者中发病的 1/3 与吸烟有关；吸烟者中将会有一半因吸烟提早死亡。吸烟和二手烟暴露（被动吸烟）严重危害人类健康，烟草危害已成为当今世界严重的公共卫生问题之一。

对于吸烟者自身而言，吸烟在某种程度上是一种心理需求和习惯。从生理上看，烟碱在一定程度上可以对神经系统有刺激作用，使人逐渐产生依赖性。从社会上来说，吸烟是一种人际交往的润滑剂，在社交中它是一种特殊的语言。从城市与农村相比较来看，农村吸烟人数高于城市，体力劳动者高于脑力劳动者。这里既有个人心理因素，也有社会因素，关键的问题在于，人们对吸烟的危害认识程度不够。随着科学技术的发展，对烟草和烟气的成分及危害剖析得越来越透彻，在政府大力提倡戒烟的号召下，烟民也在逐渐减少。从某种程度上来说，吸烟与文明程度有关。吸烟不仅损害自身健康，而且污染周围环境，害己害人。我们应重视个人修养，珍爱自己，尊重他人。在人类社会文明极大进步的今天，我们也应借鉴先进国家的经验，加大吸烟危害的宣传教育，坚决抵制吸烟。

2．酒

酒是以曲类、酒母为糖化发酵剂，利用淀粉质(糖质)原料，经蒸煮、糖化、发酵、蒸馏、陈酿和勾兑酿制而成的液态饮品。白酒的主要成分为水和乙醇（酒精），其中乙醇中含有不到 1%的杂醇油、多元醇、甲醇、醛类、酸类、酯类、盐类、固形物等混合物，这些混合物含量虽少，但它们却决定了酒的口味和品质，其含量在国家标准中均有明确、严格的规定。

酒在我国已有五千余年的历史，始于新石器时代，经历天然发酵到人工酿造的过程。饮酒是个人嗜好，也是社会风俗礼仪之一。喝酒容易让人神经麻痹，往往会导致失去理智的行为发生。酗酒甚至导致犯罪率上升。在我国，白酒的销售没有严格的限制，因此，饮酒、酗酒现象比较普遍，而欧美国家对酒的销售和饮用有严格的限定。

白酒的主要成分是酒精对中枢神经有兴奋或抑制作用，长期过量饮酒的人往往会容易引起多发性神经炎、小脑病变、大脑萎缩等疾病，还会出现对酒精成瘾的现象，即戒酒时会表现全身震颤、幻觉、癫痫（惊厥发作）及谵妄状态等。在人体内每燃烧 1g 酒精可产生 30kJ 焦的热量，因此，大量的、经常性的饮酒，可以造成脂肪肝、酒精肝、嗜酒肝炎和肝硬化。研究表明，乙醇代谢可引起还原型辅酶 I 降低，乙酰辅酶 A 和脂肪酸升高，同时使 α-甘油磷酸增加，造成肝脏甘油三酯酸合成率的提高，导致肝脏脂肪过度积累引起病变。嗜酒者普遍会发生贫血，嗜酒者血清中的铁含量通常比普通人多 1 倍(正常值为 130～150μg)。嗜酒者血清中的铁蓄积得如此之多，表明其造血功能已经遭到严重影响，以致无法使铁得到充分利用。所以，红细胞由于常规的生理性破坏，而使造血功能发生供不应求，破坏和再生失去平衡，从而引起贫血。大量酗酒还可使血液循环中的红细胞发生溶解，而出现严重的溶血性贫血，同时对叶酸的释放、维生素 B_{12} 的合成和吡哆醛磷酸激酶有较强的抑制作用，可导致严重的多种维生素的缺乏。

长期大量饮酒，能直接导致干细胞基因不可逆突变。即使每天只摄入 25g 酒精，也会导致多种疾病风险的增加。嗜酒者患口腔癌和咽癌的风险增加 82%，喉癌增加43%，食道癌增加39%，慢性胰腺炎增加34%，乳腺癌增加25%，肝硬化增加1.9倍。2018年1月3日，Juan I.Garaycoechea等人在《自然》发表文章称研究结果表明：酒精的代谢产物乙醛会造成大量造血干细胞突变。美国斯坦福大学医学院资深研究员陈哲宏说，喝酒脸红表示人体内缺少某个基因，导致人体无法代谢乙醇，提升患癌风险。复旦大学李辉课题组研究发现乙醇脱氢酶共有7种变异体，其中第7型把降解酒精为乙醛的速度提高了13倍。在中国，70%的汉族人都具有这一基因，意味着饮酒后该类人群短时间内会有大量的乙醇降解生成的乙醛在体内累积，而乙醛会造成血管扩张使脸泛红，过量乙醛在人体内的长期累积会提高癌症发生率。长期大量饮酒，还会出现一系列无机盐缺乏症，其中包括钠、钾、镁和锌，进而引起酸中毒、精神性谵妄和心肌疾病等。

中华民族几千年的历史长河中，饮酒已成为一种生活习俗，融于人们的精神生活之中。酒酌量饮用可以缓解压力，促进血液循环，利于新陈代谢，增加喜庆氛围；嗜酒则损害健康，制造混乱，引发交通事故，沉湎堕落；不健康的饮酒习惯，同时也促进了敬酒送酒的不良社会风气，形成了滋养腐败的土壤。纵观人类历史，人类的饮酒从高度酒到低度酒；从白酒到啤酒、葡萄酒，再到保健酒和药酒；从随意饮酒到戒酒限酒；从豪饮到小酌。人们对酒的认识更加科学，饮酒的利弊逐渐被人们所了解，这是人类文明进步的标志。

酒作为千百年来人民劳动成果的结晶，给人们带来了欢乐，也带来了痛苦。它告诉我们，万事万物的存在都有它的客观性，我们都要科学看待，理性分析，不能过分奢淫，也不能弃之不理。古人云：小酒怡情，大酒伤身，我们要认真对待。

3．茶

茶原产于我国，六千多年前，生活在浙江余姚田螺山一带的先民就开始种植茶树，田螺山是我国迄今为止考古发现的最早人工种植茶树的地方。茶在我国源远流长，文字记载至少也有三千多年的历史。西汉将茶的产地县命名为“茶（cha）陵”，即湖南的茶陵。东汉《神农百草经》中写道：“神农尝百草，日遇七十二毒，得茶而解之”。三国魏代《广雅》中已最早记载了饼茶的制法和饮用：荆巴间采叶作饼，叶老者饼成，以米膏出之。唐代陆羽《茶经》：“茶之为饮，发乎神农氏”。茶叶由最初的药用性质，发展到日常生活的必需品，到了隋唐时代，茶已成为纯粹的饮品。

人类与茶最早从咀嚼茶树鲜叶开始，到唐朝的煎茶，宋朝的点茶，发展到现今的泡茶——开水冲泡茶树的嫩叶和芽制成的饮品。茶不仅有很大的食用价值，还有一定的药用价值。东汉华佗《食经》中“苦茶久食，益意思”记录了茶的医学价值。

茶叶的化学成分比较复杂，目前已知的有机物质和无机物质大约有 600 多种。从医学上讲，茶叶的成分可以分为药用成分和营养成分。药用成分有茶多酚和咖啡因等；营养成分有蛋白质、氨基酸、碳水化合物、有机酸、芳香物质、色素、皂苷类化合物、维生素和微量元素等。

茶多酚是茶叶中多酚类化合物的总称，在茶叶的药效中起主导作用。茶多酚是黄烷醇化合物的复合体，有很强的抗氧化作用，能够抑制物质的过氧化，起到一个抗衰老的作用。它还可以清除人体内的氧自由基，有效防止低密度脂蛋白的过氧化，保护内皮细胞，防止血管平滑肌斑块的形成和血管的异常增生，可以预防动脉硬化、冠心病、心绞痛等。茶多酚有较强的抗辐射的作用，能够降低氧代谢，避免人体中毒。

咖啡因（也称咖啡碱）是决定茶叶滋味的重要物质，能促使人体中枢神经产生兴奋，人们常说的茶饮提神就是这个道理。咖啡因有促进肾脏排泄的作用，有利尿的功能，可以预防肾脏疾病；咖啡因还有促使平滑肌松弛、增强血管壁弹性和促进血液循环的功用。

碳水化合物在茶叶中含量较高，其中 90%为不溶于水的淀粉、纤维素、半纤维素、木质素等，剩余的 10%为可溶性的单糖和双糖，因此，天然茶饮是一种低热量的饮品。茶叶中的脂多糖是脂和多糖结合在一起的大分子化合物，具有抗辐射、改善造血功能的作用，对于辐射治疗后癌症患者提升白细胞有很好的辅助疗效。20 世纪 80 年代，发现茶叶中的复合多糖具有降血糖和提高耐糖量的作用，适当饮茶成了辅助糖尿病人控制血糖的另一种途径。

隔夜茶的认识：有人说隔夜茶含有二级胺，会产生亚硝胺，会致癌。其实，隔夜茶中的二级胺只有在一定量的亚硝酸盐存在下才会产生致癌物亚硝胺。同时，茶叶中的茶多酚和维生素 C 也会阻止亚硝胺的产生，所以隔夜茶不会致癌。

饮茶与吃饭时间的安排：饭前大量饮茶不仅会冲淡胃液，而且茶多酚容易与胃蛋白酶作用产生沉淀，影响食物的消化；饭后大量饮茶，茶水中大量的鞣酸与食物中的铁、锌等微量金属元素反应会生成难溶物影响吸收，长时间饭后大量饮茶有可能导致体内缺铁，诱发缺铁性贫血。鞣酸还可以与动物性食品中的蛋白形成鞣酸蛋白，减缓小肠的蠕动，使食物的消化和在肠道内停留的时间增加，容易造成便秘。因此，饭前饭后均不宜大量饮茶。随着人们生活水平的提高，清淡的红茶和绿茶中茶多酚含量较少，对肠胃的刺激较弱，在饭前饭后适量饮用还是可行的。

古人对茶的药用价值理解颇为深刻，创造性地将茶与中药等多种天然材料有机地结合起来，使茶饮在医疗保健中的作用和地位得以提高，很多古籍和古医书都对茶叶的药用价值和保健作用做了论述。比如：普洱茶与小青柑的结合，可以促进理气润肺、消积健胃，保护心血管，杀菌、消炎、抗 HIV 病毒、抗诱变、抗氧化；小青柑表皮含有多甲氧基黄酮，抗肿瘤细胞增殖，如骨髓癌细胞、淋巴癌细胞、卵巢癌细胞、前列腺癌细胞及扁平癌细胞均有抑制增殖的作用，从而起到抗癌防癌的作用。对于防癌群体来说，在享受美味之余，又多了一大健康保障。还有，普洱茶搭配枸杞，可安神明目、理气补血；普洱茶搭配薄荷，可安心祛火、润肺止咳；普洱茶搭配陈皮，可舒肝利胆、健胃消食；普洱茶搭配玫瑰花，可美容养颜、消火解毒等。茶与中药的结合，让茶饮获得了更加广阔的发展空间，这也是中国茶道的魅力和最具现实意义的基石所在。

到目前为止，我国已发现 16 种古医书记载茶的保健作用有 20 项，药效有 219 种。古代中国文人把“茶”寓意为长寿，把 108 岁的老人称为“茶寿老人”。

茶蕴涵着“道法自然”的思想，人在草之下，木之上，即为茶，寓意人在草木间，孰能不饮茶，由此，茶体现着人们应回归自然、顺其自然的大道。

六、素食与健康

素食主义就是不食用来自利用动物身上各部分制成的食物及动物制品衍生的食品。素食主义是一种饮食文化，信仰并践行这种文化的人被称为素食主义者。素食主义者遍布全世界，由于不同文化的影响，有些素食主义可以食用蜂蜜、奶类、蛋类。

从人体解剖学的角度来看，人类的牙齿结构不具备肉食性动物的特征。事实上，从人类进化的角度来看，人类最先也是以食用野果、野草为生的。随着人类学会使用火，可以食用煮熟的肉类，人类对肉食的依赖便一发不可收拾。有的人认为，素食主义者是人类回归自然的行为，是对回归健康和保护地球生态环境的返璞归真文化理念的践行。

素食主义者有多种类型，如：纯粹的素食主义者，这类人群不仅不食动物制品，而且与之有关的任何食品也不食用（包括蜂蜜、奶、蛋类），甚至用动物制品制成的工具也不使用；奶蛋素食类，这类人群不食用肉和肉制品，但是他们食用奶、蛋类和蜂蜜；病理性素食主义者，这类人群是由于体内代谢苯丙氨酸的基因缺陷，和身体其他未知原因造成的生理缺陷导致的肉食性障碍，只能食用含苯丙氨酸较低的食物。

素食主义思想的产生多与宗教有关，譬如：

佛教《涅经》讲，吃肉的人断大慈悲种子。

藏传佛教有，杀动物以其肉供养神明，就等于杀孩子以其肉供食其母，这是可悲的错误。

道教曰，勿登山而网禽鸟，勿临水而毒鱼虾，勿宰耕牛。

基督教说，肉为了肚腹，肚腹装了肉，但神要叫这两样都毁掉。

伊斯兰教强调，唯有悲悯其他众生者，才能获得真主的悲悯。

印度教认为，既然你们无法使动物死而复生，就要为杀死它们负责，杀生者会下地狱，无法脱罪。

现代营养学有一种观点，他们认为，人类的许多疾病来源于过量食用肉类食品，诸如：高血脂、高胆固醇、肠道癌症等。他们认为，人类过多食用肉食品，会使人类体质偏酸性，免疫力较弱，容易患各种疾病。他们的观点是：回归自然，坚持素食。

素食对人类有哪些影响呢？从人体的生理结构看，在生物进化的过程中，各种动物消化系统的结构和消化道（小肠）的长度与其食性密不可分，草食性动物不仅具有专门的消化结构，而且小肠与体长比最大（肠道是体长的10～40倍）；肉食性动物的肠道与体长比最小；杂食性动物居中；人属于杂食性动物，肠道与体长比介于二者之间。从营养学的角度看，人类长期素食会缺乏维生素D、维生素B_1、维生素B_2、维生素B_6以及矿物质锌、硒和铁。肉类中的肌酸是人体肌肉和大脑中储备能量的物质；肌肽是一种天然的抗氧化剂。这些都是人体健康不可缺少的成分，长期吃素会缺乏这些物质，不利于人体健康。

无论从进化的生理构造，还是营养学平衡角度，我们都应合理膳食，不应偏废，不要走极端，根据自己所处的地域环境和人文环境合理安排膳食结构。自然的进化告诉我们，人体对植物性食物和动物性食物综合利用是有科学道理的，需要我们进一步探索。

七、节食与健康

节食就是通过人为调节糖类、脂肪类、蛋白质类食物的种类和数量，对每天总的摄入热量加以控制的饮食方法。节食是一种养生方法、抗衰防老的诀窍，古代就有人提出“少吃滋味多，多吃滋味少”“若要身体健，三分饥与寒”。

节食能促进健康，有利于延年益寿。科学家通过细胞培养证实：在细胞培养时，培养基营养过剩，细胞就会早熟，容易早衰。研究还发现：人体经过一定时期的饥饿疗法，可以使机体各个器官能量的消耗更加合理。节食之所以有助于健康长寿，真正的原因并不在于消化功能，而在于通过节食使机体处于半饥饿状态，体内自主神经、内分泌及免疫系统受到刺激，促使机体充分发挥自身调节功能，可增强免疫力，提高神经系统功能保持平衡的能力。节食并非吃得越少越好，而是根据自身的实际情况，在保证基本营养的基础上，适当调节饮食中糖类、脂肪类、蛋白质类食物的比例，达到控制每天总热量摄入的要求。大量的实验证实：人体每天摄入的热量不能低于正常水平的 75%，如果一个人正常的摄入热量为 3300kcal，那么他每天最低的摄入热量必须大于 2500kcal 才能维持身体正常的运行，才能保证身体健康。女性的要求更高，每天摄入的热量必须大于基础水平的 80%才可以。控制饮食就是控制摄入的热量，每天摄入的热量要根据自身基础运行水平和体力、脑力劳动强度来进行，如果劳动强度增加，摄入的热量就要相应地增加，否则不利于身体健康。

现代社会，由于生活水平的提高、工作压力的增大和生活节奏的加快，肥胖的人越来越多。肥胖的危害逐渐受到人们的关注，肥胖会加重内脏器官的负担，诱发高血压、冠心病、癌症等，危害人类健康，因此减肥成了新时尚。但是，许多人简单地认为，减肥就是节食，盲目地节食是不可取的。

盲目的减肥途径一般有两条。其一是控制食物摄入总量，使人体长期处于饥饿状态。身体长时间处于饥饿状态，会引发人体代谢水平降低、代谢功能紊乱，引发身体器官机能退化、炎症反应等疾病，进而造成情绪波动、情绪恶化、焦虑、易怒、抑郁症等。饥饿是人类发展早期面临的最大威胁之一，如果人长期摄入热量不足可能会改变大脑的形态，导致认知能力和行为能力受损。其二是控制糖类、脂肪类食品的摄入量，养成了偏食的习惯，造成严重的营养不良。营养不良会造成记忆力减退、骨质疏松、缺乏维生素、优质蛋白质不足，还有可能由于营养不平衡而引发更严重的肥胖。

节食是一种对饮食的干预措施，有一定的健康效应，包括改善新陈代谢，调节身体机能，保护机体免于组织损伤，激发体内的潜能，增强免疫力，有利于减少疾病的发生、疾病的恢复和预防，从而延长寿命。

节食要理性，科学地节食有利于人体健康；盲目过度地节食适得其反，有害健康。科学规律告诉我们，凡事都有度，多一分有害，少一分无果。因此，我们要学会科学理性地分析问题、对待问题，就像生活中做人、做事一样，都应有度。一般来说，对度的把握往往决定做事的结果。同样的人、同样的事、不同的环境，他们的行为可能不一样，结果也不相同。所以，度的把握还要因时、因地的改变而改变，要在变化当中考虑事情，这样才能不至于落后，才能与时俱进。

从人类生活中烧烤食品、腌制食品、隔夜食品、方便食品、素食与节食的科学分析可以看出，不良的生活习惯不仅会危害身体健康，还会对饮食文化带来消极影响。健康的文化源于健康的生活，健康的生活依赖于健康的生活习惯。健康的文化和体魄是民族强盛的基础。

我们要在生活中养成良好的生活习惯，既不能过分奢靡，也不能过分节食，过胖或过瘦都不利于人体健康；良好的生活习惯不仅有利于身体健康，也有利于工作、事业的发展。同样的工作环境，同样的科研设备与条件，有的人会取得骄人成果，有的成绩一般，其中很重要的一个原因就是习惯，包括思维习惯、方法习惯、自我管理习惯、工作习惯等等。良好的习惯有利于创新、有利于思维的突破、有利于问题的科学判断，最终有利于个人的脱颖而出。因此，我们要注重良好习惯的养成，要从小事做起，从生活入手。每个人都行动起来，每个人都有良好的习惯，个人的素质就会提高，整个民族的整体素质自然就会上升，中华民族伟大复兴、伟大梦想的实现就会更有希望。

第四节 ●○ 人类与疾病

疾病是什么？疾病就是人体受外界环境因子的影响，体内稳定的运行和调节系统平衡受到破坏，引发的机体一系列代谢、功能、结构的变化，表现症状为体征、行为和思维的异常。人类从来到这个世界的那一刻起，就与自然界发生了物质和能量的交换，这种交换不仅受人类自身的影响，同时也受自然界各种因素的限制和干扰。在这些因素特别是负面因素的干扰下，人体的新陈代谢不可避免地会受到损伤，长期积累，就会对人的身体和精神产生伤害，导致疾病的产生。

一、疾病的本质

疾病的本质是什么?

人体在各种内外因素的干扰下，受物质和能量代谢、自身营养缺乏和不均衡等因素的影响，细胞的损伤不能得到及时修复，功能得不到正常发挥，导致身体自愈系统紊乱，免疫功能下降，致使致病因子乘虚而入攻击人体组织器官，使得组织器官结构受损、功能下降或丧失，进而引发疾病。这就是疾病的本质。

人为什么会生病呢？人是一个不断运动的生命体。人生活在自然环境当中，既得到了自然给我们提供的物质和能量，同时又受到了环境对人体的干扰和损伤。人体时时刻刻都处在物质和能量代谢的过程中，在呼吸、运动、工作、思考、压力、外界因素（包括各种热辐射、电磁辐射、风吹雨淋）等因素的作用下，人体总是处于损伤、修复，再损伤、再修复的循环过程，一旦这个循环平衡过程被打破，损伤的速度大于修复的速度，或者修复发生阻碍，身体组织构造就会破坏，受损的组织器官功能就会紊乱、下降或丧失，人体整个系统的良好运作就会受到影响，此时人体就会出现不舒服的症状，人就会感觉生病了。

疾病是人体的物质组成及其运动受自身遗传、生理、自然环境、心理或社会因素影响，而产生的异常情况。遗传、生理和自然环境的影响对于疾病是刚性的，需要通过外界的干预进行调节和治疗，以减轻和缓解症状；而心理和社会因素的影响是柔性的，可以通过内心的调节和修炼来缓解、治愈。精神上的紧张既会导致人体生理上的异常，也会导致心灵和行为上的异常。

对精神层面的疾病而言，它们都源于一个容易被人们长期忽视的内在情绪宣泄和思想观念认识的问题，这些问题往往会导致精神层面的疾病。精神层面的疾病症状，实质上就是其内心世界问题的反映，这是帮助我们了解精神疾病本质的主要途径。反过来，根据疾病的症状以及它所暗示的内心问题，我们可以找到疾病的起因，为疗愈提供有效的方法和途径。

物质层面的疾病指环境异常变化超出人体生理调节限度，引起人体某些功能和结构的异常。如水中氟含量 < 0.5mg/L 时，龋齿发病率显著升高；水中氟含量 > 2mg/L 时，斑釉齿发病率也显著升高。环境异常变化的范围很广，包括物理、化学和生物变化。它们既会单独起作用，也会联合起作用，从而造成各种疾病。我们在治疗疾病的过程中，会认识到人类自身所处的环境发生了哪些具体变化，人类可以利用现有的科学技术改造或者适应这种变化，以降低这种变化对人类的危害。

其实，疾病也是人类最好的朋友。它是以某种方式来提醒人类，你的生活方式或者思维模式出问题了，在这位朋友的启发或暗示下，我们看到了自己的问题并改变它，这个病就作为客人离开了，不会继续留在身体里。

二、疾病的种类与治疗

疾病按照不同的划分标准有不同的分类。学术界有一个专门的学科就是疾病分类学，它是应用疾病统计学的原理，将疾病进行统一分类的一门学科。一般情况下，人们根据发病原因、病变性质和主要病变部位，把疾病分成若干类组并加以编列。疾病的分类和命名反映了当时医学的科学水平。最早的疾病分类法是18世纪意大利病理学家莫尔迦尼按器官病理解剖定位原则划分的。19世纪中叶以后，由于细菌学的成就，疾病开始按病因学原则分类。世界卫生组织编制有《国际疾病分类》，每十年修订一次。我国卫生部也编制了全国统一的《医院住院病人疾病分类》。

简单地说，疾病概括起来也只有两大类：传染性疾病和非传染性疾病。传染性疾病是由病原体（如病毒、立克次氏体、细菌、原虫、蠕虫、节肢动物等）在人群中从一个宿主通过一定途径传播到另一个宿主，使之产生同样的疾病，传染性疾病简称传染病；传染性疾病在人群大量传播时则称为瘟疫。非传染性疾病，顾名思义，就是指那些不具备传染性的疾病。

传染性疾病按照危害、影响、控制难度可以划分为三类：

甲类传染病（2种，为烈性传染病，对人类危害极大，强制管理级）；

乙类传染病（27种，严格管理级）；

丙类传染病（12种，监测管理级）。

非传染性疾病常见的类型有五大类：

心脑血管疾病（如：高血压、血脂异常、冠心病、脑卒中等）；

营养代谢性疾病（如：肥胖、糖尿病、痛风、缺铁性贫血，骨质疏松等）；

恶性肿瘤（癌）（如：胃癌、肺癌、肝癌、食管癌等）；

精神类疾病（如：精神障碍、心理障碍、过劳症、强迫、焦虑、抑郁症、更年期综合征等）；

口腔疾病（如：龋齿、牙周病等）。

传染性疾病有三个基本构成元素，即传染源、传播途径和易感人群，其特点是传染性，对传染性的控制是消灭传染病的主要手段。目前主要采用的方法是控制传染源、切断传播途径、保护易感人群。现阶段，人类对于传染病可以通过接种疫苗来预防，但是仍有相当一部分还没有特效药物，因此，控制传染源和切断传播途径仍是当下控制传染病的主要手段。人类社会初期到20世纪初，传染病是人类健康的最大威胁。在新中国成立之初，传染病还是威胁我国人民健康的“第一大杀手”。

非传染性疾病的源头是不健康的社会环境，以及不健康社会环境影响下的不健康生活方式和行为。在不健康的社会环境、生活方式和行为的影响下，人体衍生出心血管疾病、脑卒中、肿瘤、糖尿病和呼吸系统等非传染性疾病。目前，心脑血管、肿瘤、呼吸系统疾病是威胁人民生命的三大疾病，传染病已降至第六位。对于非传染性疾病的治疗途径，首先要从致病的源头入手，加强环境污染的治理，保证绿色、安全的生态宜居环境，保证清洁的水源、洁净的空气、安全的粮食供给，人人都养成健康和营养的饮食生活习惯，力争从源头减少致病因素。还有些非传染性疾病是社会因素致病，这就要求人们树立正确的世界观、人生观和价值观，正确认识社会、理解社会、顺应社会，培养积极、乐观、向上的社会价值观和社会氛围。

人同时具有生物学和社会学的双重属性，对于疾病的治疗而言，人的机体和心理皆为内因，而药物、手术和社会的综合作用为外因。内因是基础，外因只有通过内因才起作用。药物和手术既可影响机体的生理功能，也可影响心理功能；反之，患者的心理状态，也会影响药物的治疗效果。俗话说，“三分治疗，七分静养”，就是这个道理。

三、疾病的预防和自愈

《黄帝内经》提出了“不治已病治未病”的理念。“上医治未病，中医治欲病，下医治已病”，就是说医术最高明的医生并不是擅长治病的人，而是能够预防疾病发生的人。可见，中医历来防重于治。随着社会的发展和科技的进步，“治未病”的理念和思想逐渐成为世界医学的发展趋势，越来越受到广泛关注，预防疾病发生，保持健康的生命，已经成为人类的共同愿望。

人是一个复杂的有机生命体，蛋白质是生命体构成最重要的物质，蛋白质的结构越复杂，其功能就越精细越强大，同样，它也越易受众多环境因子的影响，更容易出现异常情况。即事物越复杂，越容易受到限制和干扰。人体中的蛋白质种类最多，功能最复杂，所以人是生物界患病种类最多的物种。

人类要健康，就需要营造良好的外部环境，以减少环境因子对人类健康的干扰和侵袭。所以，与自然界和谐相处，建设绿色生态美好的人居环境，营造和谐美好的社会环境，培育良好的人际关系、家庭理念，将为人类美好的健康生活提供坚强的保障。

人体免疫系统是覆盖全身并保护人体不受外界各种致病因子侵袭、干扰的安全防卫网络系统。它有三道防线，第一道防线：皮肤、黏膜及其分泌液、细胞膜、呼吸道、胃肠道、尿道及肾脏；第二道防线：吞噬作用、抗菌蛋白和炎症反应；第三道防线：主要由扁桃体、淋巴结、胸腺、骨髓、脾脏等免疫器官和淋巴细胞、吞噬细胞等免疫细胞借助血液循环和淋巴循环而组成的防御体系。不过，单纯的屏障和过滤机制并不能完全保护我们，防御的主要功能还是依赖于免疫系统的免疫器官、免疫细胞和免疫活性物质以及蛋白质发挥功能。

免疫力的高低决定人体抗病能力的强弱。人体免疫力低下时，最容易患病。人的免疫力在 24h 内是变化的，一般夜间睡眠时最低，早晨初醒后较低，白天清醒时最高。睡眠时人最易得病，人类的许多疾病有可能是在夜间睡眠时产生的。所以要注意睡眠的环境质量，即卧室空间的大小、采光性、环境安静程度、空气流动性和洁净度、床铺的舒适性等。另外，随着年龄的增长，人的免疫力呈现先增长后下降的趋势，青壮年时期的免疫力最高，儿童和老人相对较弱。

人体疾病的预防，不仅要从外部环境着手，同时还得从人体自身内部考虑。人体的免疫系统才是人体预防疾病的主体，提高自身的免疫力，才是提高人体预防疾病的重要手段。

人体不仅具有强大的免疫力，还有意想不到的自愈能力。人体的自愈能力，其实就是人体免疫力的成果。在没有外力帮助的情况下，很多疾病可以自愈，这是大自然赋予人类的防御能力，是一种生命的本能。人体内的自愈系统，包括免疫力、排异能力、修复能力、代偿能力、内分泌调节能力、应激能力等。当人体不适或生病的时候，自愈系统可以敏锐地捕捉到人体一切异常信号，并立即调整人体的各种功能，及时调动体内各种功能的细胞聚集在一起进行修复，从而达到治疗的目的。相反，如果人体的这种能力遭到彻底破坏，意味着具有防御和修复能力的自愈系统失去功能，当人体受到致病因子侵害时，即使华佗再世，也无能为力。艾滋病之所以成为“不治之症”，主要问题就是艾滋病发展到后期，患者免疫系统全线崩溃，自愈系统失去作用，患者只能等待死亡。

人的生理和心理过程是极其复杂的，而且是充满智慧的，它不仅会对其吸收的物质（如食物和水）做出高度敏感的响应，也会对情绪、感觉和思维作出回应。身体本是供灵魂居住的躯壳，是人类精神存在的基础，它聪明的运行机制不仅可以帮助精神表达和了解自身的疾病，而且还会对自身疾病的自愈有重要的影响。心理状态良好，精神面貌积极向上，可以有效地提高自身体内的免疫能力，加强人体的自愈能力。因此，在日常生活中，保持乐观向上的生活态度、和谐积极的人际关系、幸福美满的家庭关系，对人体保持良好的心态、健康的身体有不可小觑的作用。

四、人类与药物

人类疾病的分类方法有很多种，概括起来只有两大类，即传染性疾病和非传染性疾病。但是，为了研究的需要，研究人员常常按照不同的标准进行分类。本节将从自然界的运动形式入手，对人类与药物的关系进行探讨。

自然界的运动可以分为四类：物理运动、化学运动、生物运动、意识运动。其中最本质的运动是物理、化学运动，二者决定和影响着生物和意识运动。相对应地，疾病也分为四类：物理病、化学病、生物病和意识病。物理、化学、生物病是形而下的疾病，意识病是形而上的疾病。在四种疾病的治疗方法中，物理治疗和精神治疗对药物的依赖性不大，化学治疗和生物治疗主要是充分发挥药物的作用，达到治疗的目的。

药物的本质是用来调节人体生理心理失衡的物质。它是通过影响或参与人体的新陈代谢，而达到调节、促进、修复人体细胞、组织、器官、系统功能的目的。

药物是一把双刃剑，它可以治病，也可以致病。当药物的用量过大、用药过久或者机体对药物敏感性增高时，药物也就成了有害的毒物。比如人参虽然是名贵的补药，但滥服会产生很多毒副作用。由此可知，治疗离不开药物，但药物不全是治疗。在需要用药的时候应该遵从医嘱合理用药，充分发挥药物的正面作用，尽量防止或减轻药物对机体的负面作用。

对人体机能来说，药物只能影响机体生物功能的进行速度，而不能改变现存的自然生物过程或产生新的功能。药物在人体内的作用过程因人而异，许多主观、客观因素均可能影响药物的吸收、分布、代谢、排泄，从而影响最终的药效。同时，每个个体对药物的反应有差异。比如：为达到同一疗效，体重较重的人比较轻的人需要更多的药量；新生儿对药物的敏感性高于儿童；老年人对药物的代谢慢于青年人；肝肾病患者对药物的代谢比正常人困难。

人同时具有生物学和社会学双重属性，所以在治疗过程中药物与人是相互作用的。药物既可以影响机体的生理功能，也可以影响心理功能。比如，丙咪嗪可以作用于中枢神经，使患抑郁症的病人精神振奋；利血平在扩张血管降压的同时，又会作用于中枢神经，使病人产生抑郁。以上两个例子是药物对人生理、心理所起的作用。而病人对药物的心理状态，也会影响治疗的效果，比如安慰剂的使用就是精神对物质的反作用的一个实例。

药物最早来源于食物，即“药食同源”。但是，所有的药物对患者既有帮助也有损害，正像古人所讲的“是药三分毒”。随着社会的发展与技术的进步，药物研究也达到了分子水平。分子生物学的发展使得生命现象的研究也可以在分子水平上进行，通过研究核酸、蛋白质等生物大分子的结构、功能等方面，来阐明各种生命现象的本质，这就使得人体药物动力学的研究可以在分子水平上有更大的作为。药物在人体内的代谢会更加清晰，人类对药物有效性和安全性的认识更加透彻，药物的作用也会发挥到极致。比如：砒霜（三氧化二砷）是生活中常见的“谈虎色变”的高毒性砷化物（俗名鹤顶红），但是适当用量可以用来治疗许多疾病。药物最主要的属性就是有效性和安全性。安全性越大，药物的适用性越大。如果一个药物的常用有效剂量同时亦是中毒剂量，医生一般情况下不会使用，除非是为了救命别无选择的情况。最好的药物就是药物有效性高，且多数情况下又是安全的。我们生活中最常见的就是青霉素，除对青霉素过敏的人外，青霉素实际上毒性是很小的，成人使用剂量从每日80万单位到2000万单位不等。

人类的发展、进化不能脱离自然界，也离不开疾病，也就是说，人类与药物相伴而生，其实中医讲的“药食同源”也包含了这个道理。随着科学技术的进步与发展，我们会发现人类制造的药物越来越多，药物对人类健康的保驾护航作用更加突出。药物伴随着人类来到自然界，人类因药物的辅助身体更健康、生活更精彩。

五、治疗和治愈的思考

治疗通常是指通过外部手段干预或改变特定健康状态的过程。一般指人类为解除病痛所进行的一切活动。随着科学技术的进步与对生命和疾病本质认识的深入，治疗可分为药物治疗为主的内科学和手术治疗为基础的外科学两个学科群。到了近代，随着医学技术的发展与进步，还出现了物理治疗、放射治疗、核医学、心理治疗、体育治疗、生物介入等新的治疗手段。

治愈就是指通过外界干预或内心调节，使机体恢复健康的状态。治疗是治愈的过程，治愈是治疗的结果和目的。

有史以来，文字记载的人类所患的疾病有几千种，然而真正有确凿证据能够治愈的只有42种。可见，医学能完全治愈疾病的概率很小，医学的治疗常常是帮助和安慰，一个优秀的医生首先是一个优秀的心理学家。正所谓：身病心不病，病也不病；心病身不病，不病也病。可见，内心的判断与认知对于疾病的治愈是多么的重要。

我们平常认为所有的病症都需要治疗，这或许是观念上的问题或者是医疗市场的需求。因为自然给人类有机体预备的一些所谓的“症状”是保护性的，没必要去治疗，不治疗是最好的处置。然而，伴随着医学的发展与革命，人类对健康的认识与重视，人们对疾病的关注缺乏科学和理性，医疗市场存在疾病患者过度治疗的现象。

疾病不仅是一个过程，还是生物体对异常刺激作出的特异反应，是进化适应的一种体现。它是人类进化过程中与自然界共同作用的结果。接受和拥抱疾病是不容易的。人在患病时，常常会产生排斥、愤怒或绝望的情绪，此时会忽略疾病的一些暗示。如果能静下心来真诚地接受它，就会体会到某些特定的有意义的提示。比如，身体的无力表明你必须放下某些责任，花更多的时间独处，多聆听自己内心的声音。疾病在此刻来到你的生活里绝非偶然，那些提示就如同一束光照亮了原本的黑暗，让你知道身体的诉求。要想治疗疾病，你必须全然接受疼痛、不适、焦虑、愤怒和安全感的缺失；你必须直面它，伸出你的双手拥抱它，它是来寻求你的疗愈的。如果你忽略身体的语言和提示，一直抗拒疾病，将很难明白疾病的内在本质和意义，疾病将难以治愈。只有当你能够真正面对疾病，面对恐惧和厌恶，你才能真正得到内在的自由和身体的健康。

疾病的治疗和治愈是人类与疾病相处过程中的两个状态。人类在疾病的刺激下，机体功能不断增强，机体免疫力不断提高，不仅对机体生理能力有利，而且对心理有益。总之，疾病的苦难增加了人生的阅历，锤炼了人的意志，积累了人生经验，在某种程度上说对人的一生是有益的，是人类的进化。

现代人生活有两大疾病。一方面，物质文明为我们创造了越来越优裕的物质生活条件，远超出生命基本活动之所需，超出的部分固然提供了享受，但同时也使我们的生活方式变得复杂，远离生命在自然界的本来状态。另一方面，优裕的物质生活条件也使我们更容易沉湎于安逸，丧失面对巨大危险的勇气和毅力，在精神上变得更加平庸。我们应远离两个方面的极限状态，向上没有挑战危险的爆发力，向下没有承受匮乏的忍耐力，躲在舒适安全的中间地带，感觉日趋麻木，这才是人类真正面临的共同的最大的疾病所在。

第五节 ●○ 人类的进化与传染病

人类进化的历史，就是与自然界抗争的历史，也是一部悲壮的与病毒博弈的历史剧。各类病毒引起的烈性传染病给人类留下的是惨痛的回忆与经历。如：历史上曾经出现的天花（Smallpox，Variola）、脊髓灰质炎（pdiomy elitis）、艾滋病（AIDS）、埃博拉（Ebla）、中东呼吸综合征 （MERS）、甲型流感（H1N1）、重症急性呼吸综合征（SARS）、新型冠状病毒肺炎（COVID-19）等，它们给人类带来的是恐慌与死亡。全球每年有数十万人因流感病毒相关的呼吸系统疾病而死亡。

事实上，人类对抗病毒的武器并不多，因为病毒往往是进入细胞内进行复制，人类通过药物在杀死病毒的同时往往也会殃及正常细胞。实践证明，人类对抗病毒最有效的手段还是人类自身的免疫力。正是因为人体具有免疫力，机体最终才会产生对抗病毒的特异性抗体，只有这些抗体才能真正消灭病毒和被病毒感染的细胞。

人类免疫系统是一套极其复杂的智能防御系统，它是由全身不同种类的免疫细胞、免疫因子共同协作的结果。人类通过免疫系统增强抵抗疾病的能力，抵御外来物（如病毒、细菌、真菌）的入侵、维持体内环境的稳定。我们能做的就是平衡饮食、合理工作与休息，保持身体健康，保护细胞的生命力，保证体内免疫系统正常运转。

传染病（infectious diseases）是由各种病原体引起的能在人与人、动物与动物或人与动物之间相互传播的一类疾病。中国目前的法定报告传染病分为甲、乙、丙三类，共 41 种。此外，还包括国家卫生计生委决定列入乙类、丙类传染病管理的其他传染病，以及按照甲类管理开展应急监测报告的其他传染病。

瑞典病理学家 FolkeHensehen 说过："人类的历史即其疾病的历史。"人类历史上致命瘟疫发生了许多，比如：早在公元前 412 年的古希腊时期，希波克拉底就已经记述了类似流感的疾病。2400 多年以前雅典的一场瘟疫几乎摧毁了整个雅典。公元 6 世纪，在罗马帝国爆发的瘟疫肆虐了 50 多年，导致上亿人死亡；1348～1351 年，欧洲暴发的黑死病，大约 6200 万人失去了生命，几乎是当时欧洲人口的四分之一；1918 年 9 月～1919 年 6 月，美国暴发的流感致使 4000 万人死亡；1980 年之后出现的艾滋病已经造成 2500 万人失去生命……

世界历史上任何一次传染病的大流行，都是人类文明进程所带来的；反过来，每一次大规模的传染病又对人类文明本身的发展产生极其巨大而深远的影响。它往往比战争、革命、暴动来得还要剧烈，因为它直接打击了文明的核心和所有生产力要素中最根本的人类本身，打击了他们的身体，打击了他们的心灵。

一、流行性感冒

流行性感冒（influenza）是由于感染流感病毒引起的急性呼吸道炎症。流行性感冒是一种传染性强、传播速度快的疾病。其传播途径主要是空气中的飞沫、人与人之间的接触或与被污染物品的接触。典型的临床症状是：急起高热、全身疼痛、极度乏力和轻度呼吸道症状，引起的并发症和死亡现象非常严重。秋冬季节是其高发期。流感病毒按照感染的对象，可以分为人流感病毒、猪流感病毒、马流感病毒以及禽流感病毒等类群；人流感病毒根据其核蛋白的抗原性可以分为三类：甲（A）、乙（B）、丙（C），甲型流感病毒于 1933 年成功分离，乙型流感病毒于 1940 年分离获得，丙型流感病毒直到 1949 年才成功分离。

1．流感病毒的特点

甲、乙型流感为人类主要可感型。甲型流感病毒经常发生抗原变异，传染性大，传播迅速，极易发生大范围流行。甲型流感病毒的致病性最强，大家熟知的 HIN1、H3N2、H5N1 和 H7N9 都是甲型的。1918 年的西班牙流感大流行和 2009 年的猪流感就是 H1N1 引起的；2004 年的禽流感就是由 H5N1 引起的，2013 年的禽流感则变成了 H7N9。乙型流感病毒对人类致病性也比较强，但是人们还没有发现它引起过世界性大流行；丙型流感病毒只引起人类不明显的或轻微的上呼吸道感染，很少造成流行。历史上有详细记载的流感大流行有 31 次，其中，1742～1743 年的大流行曾涉及 90%的东欧人；1889～1894 年席卷西欧的“俄罗斯流感”具有发病范围广、死亡率高的特点，给欧洲造成严重的影响。

流感病毒对外界抵抗力不强，不耐热，56℃、30min 即可使病毒灭活。室温下，流感病毒的传染性很快就会丧失；但在 0～4℃能存活数周；−70℃以下或冻干后能长期存活。病毒对干燥、日光、紫外线以及乙醚、甲醛、乳酸等化学药物也很敏感。动物流感病毒与人流感病毒通常不会互相交叉感染，即动物流感病毒不感染人，人流感病毒也不感染动物。但是，猪比较例外，它既可以感染人流感病毒，也可以感染禽流感病毒，但它们主要感染的还是猪流感病毒。少数动物流感病毒适应人后，可以引起人流感大流行。

2．流行性感冒的预防

流行性感冒到目前为止还没有特效抗病毒药物，人类在它面前还是弱势群体。只能是早发现、早用药、早治疗。预防的方法主要是提高自身免疫力、切断传播途径、消灭传染源。自身免疫力可以通过体育锻炼、合理饮食、规律作息得到提高；传播途径则可通过养成良好的卫生习惯和生活习惯，有效地切断病毒，减少被传染的机会；传染源一旦发现，必须积极配合，及早救治，传染源的有效控制对于流行病传播的控制起决定性作用。

人类对环境的适应能力是有个体差异的。不同的人，免疫力不同，对流感病毒的抵抗力也不相同。对环境适应能力强者，更容易生存，不会被淘汰，尤其是人类社会早期，这种情况更加突出。

人感染流感病毒后，典型症状是高热，体温可达39～40℃，多伴头痛、全身肌肉关节酸痛、极度乏力、食欲减退、恶心、呕吐等症状。这些症状告诉我们，高热说明机体免疫系统在与病毒搏斗，肌肉酸痛、极度乏力提示我们多加休息，消化系统异常反应暗示我们要清淡饮食、合理膳食。所以，事实告诉我们，大自然的每一种现象都包含着一定的科学道理，我们看待事物时一定要辩证分析，任何事物都是好中有坏，坏中有好。正像道家所讲的，福兮祸之所倚，祸兮福之所伏。

人类对流感病毒的认识还不够深入，迄今为止，我们还没有找到有效克制流感病毒的药物和办法。但是随着科学的进步，人类一定会找到制服它的方法。这也告诉我们，规律是客观存在的，只是我们没有发现。我们要想运用规律为人类服务，前提是认识规律，认识规律的过程就是科学研究的过程。人类只有认识规律、尊重规律，才能掌握规律、运用规律，造福人类。

二、艾滋病

艾滋病（acquired immunodeficiency syndrome，简称 AIDS），又称获得性免疫缺陷综合征，是由于人类感染艾滋病病毒（人类免疫缺陷病毒 human immunodeficiency virus，简称 HIV）引起的一种危害性极大、病死率极高的传染病。人体感染 HIV 后，它会把人体免疫系统中最重要的 T4 淋巴细胞作为主要攻击目标，破坏人体的免疫系统，使人体丧失免疫功能。最后，人体因免疫系统溃败，而感染各种疾病或发生恶性肿瘤致死。HIV 在人体内的潜伏期平均为 8～9 年，潜伏期期间人体没有任何明显症状。

世界上首次有关艾滋病的报道是 1981 年 6 月 5 日，美国疾病预防控制中心在《Morbidity and Mortality Weekly》上登载了 5 例艾滋病病人的病例报告。研究认为，艾滋病起源于非洲，后由移民带入美国。1982 年 9 月，美国疾病控制中心正式将其命名为“获得性免疫缺陷综合征（acquired immunodeficency syndome）”，即人们俗称的艾滋病。不久以后，艾滋病迅速蔓延到世界各地。1985 年，一位到中国旅游的外籍人士患病入住北京协和医院并很快死亡，后被确诊死于艾滋病，这是我国第一次发现艾滋病病例。

2019 年 7 月 16 日，联合国艾滋病规划署在南非发布的全球艾滋病报告显示，2018 年全球约有 3790 万人感染艾滋病病毒，全年新增感染患者全球约有 170 万人，全年因艾滋病相关疾病死亡约 77 万人。中国疾控中心数据显示，截至 2016 年 9 月，我国报告现存活艾滋病病毒感染者和病人 65.4 万例，累计死亡 20.1 万例，而且中国目前有 32.1%的感染者未被发现。

艾滋病主要传播途径是性传播，其次是血液传播、毒品注射等。人感染 HIV 后，先进入潜伏期，潜伏期时间因人而异，最开始的数年内有可能无任何临床表现。一旦潜伏期结束，艾滋病患者就会出现淋巴结肿大、厌食、慢性腹泻、体重减轻、发热、乏力等全身症状，并逐渐发展至各种机会性感染、中青年痴呆、败血症，或者引发各种恶性肿瘤等，直至生命结束。

众所周知，艾滋病被称为“世纪末肿瘤”，到目前为止，全世界范围内还没有有效的根治 HIV 感染的药物。现阶段的治疗目标仍是，通过最大限度和持久地降低病毒载量，获得免疫功能重建和维持，减轻患者的痛苦，延续生命。艾滋病自 1981 年被发现以来已经导致 2900 万人死亡。艾滋病主要侵害的对象是那些年富力强的 20～45 岁的成年人，而这些成年人是社会的主要劳动力、家庭的骨干、国家的保卫者。艾滋病不仅削弱了社会生产力、减缓了经济增长、降低了民族素质和人均期望寿命，还导致无数家庭的解体，千万儿童沦为孤儿。社会对艾滋病人及感染者的歧视和不公正待遇，造成了社会的不安定因素，使犯罪率升高，社会秩序和社会稳定遭到破坏。

传染病流行的三个基本环节是：传染源、传播途径和易感人群。传染病的控制也是控制传染源，切断传播途径，保护易感人群。对于艾滋病来说，主要的传染环节在传播途径，性传播、血液及血制品和母婴传播是目前主要的三种形式，其中性传播占绝大多数。所以，不正确的性观念、不健康的性行为、不负责任的家庭观念都是艾滋病传播的温床。

当上帝关了这扇门，一定会为你打开另一扇门。说明人在命运上都是平等的，上帝是公平的。一个人如果总是放纵自己，迟早会得到惩罚；不尊重科学迟早会为无知的付出而买单；对家庭不负责就是对自己的不负责。世界上的万事万物都是公平的、平衡的、稳定的，一旦这种平衡关系打破，就得付出代价。

稳定平衡的系统最稳定、最安全、耗能最少。

三、重症急性呼吸综合征

重症急性呼吸综合征（severe acute respiratory syndrome，简称 SARS），又称非典，它是由 SARS 冠状病毒（SARS-CoV）引起的急性呼吸道传染病。2003 年 4 月，世界卫生组织（WHO）根据包括中国内地和香港地区，以及加拿大、美国在内的 11 个国家和地区的 13 个实验室通力合作研究的结果，将其命名为重症急性呼吸综合征，宣布重症急性呼吸综合征的病因是一种新型冠状病毒的感染，这种病毒被称为 SARS 冠状病毒。重症急性呼吸综合征是一种急性呼吸道传染病，主要传播方式为近距离飞沫传播或接触患者呼吸道分泌物。SARS 病毒在高温高湿度环境里存活时间不长，数据显示，与气温低的环境相比，在气温高的环境中 SARS 的发病率要低 1/10 左右。从当年在热带国家中 SARS 并没有大规模传染就能看出这一点。

2002 年 12 月，广东一名男子因重度肺炎在广州军区总医院治疗，24 天后治愈出院。但是，在住院、转院过程中，包括医护人员、救护车司机在内的约 80 人被感染，其中一名刘姓医生赴香港参加婚礼，然而刘医生在住进香港的酒店后就病倒，数日后，刘医生在香港的医院去世。而他住过的酒店成为 SARS 病毒传播的“全球中转站”，16 位酒店客人感染，并把病毒扩散到其他 30 多个国家。

人感染 SARS 病毒后的典型症状是以发热为主，体温一般高于 38℃，常呈持续性高热，并伴有畏寒、肌肉酸痛、关节酸痛、头痛、乏力，SARS 抗体检查为阳性。人类至今尚无效果肯定、明确、有效的抗病毒药物治疗，主要还是依靠病人的自身免疫力，治疗时可选择试用抗病毒药物，对易感人群的保护还必须依靠接种疫苗预防，但是疫苗的研制是一个科学难题，至今都没有完全解决。

流行病学史调查表明，非典在 2003 年肆虐 8 个月、感染总人数 8437 人、死亡 813 人、死亡率达 9.6%。非典被认为是 21 世纪第一场全球性公共卫生危机，而这一场疫情迫使人类对如何应对现代社会的传染病疫情作出深刻的反思。

SARS 冠状病毒是造成 2002～2003 年 SARS 暴发的病原，那么 SARS 冠状病毒是哪里来的呢？人类是如何感染 SARS 冠状病毒的呢？SARS 病毒属于套式病毒目，冠状病毒科，冠状病毒属，为 β 属 C 亚群冠状病毒。根据国际病毒分类委员会 2018b 版报告，已鉴定的人和动物冠状病毒共有 23 个亚属 38 个种。

虽然多达 38 种，但是其中目前已知可感染人类的冠状病毒仅 7 种，HCoV-229E、HCoV-OC43、HCoV-NL63、HCoV-HKU1、SARS-CoV 和 MERS-CoV，再加上 2019 年 12 月从武汉市不明原因肺炎患者下呼吸道分离出的一种新型冠状病毒（WHO 命名为 2019-nCoV）。

深圳市疾病预防控制中心和香港大学于 2003 年 12 月举行新闻发布会，宣布从 6 只果子狸标本中分离出 3 株冠状病毒样本，其基因序列与 SARS 病毒序列完全一致。流行病学证据和生物信息学分析显示，野生动物市场上的果子狸是 SARS 冠状病毒的直接来源。果子狸因肉质鲜美，被某些人视为天赐美味，于是野生的果子狸被大量猎杀，果子狸养殖也越来越多，果子狸被人类纳入了自己的食物链。然而，残酷的事实证明，果子狸为 SARS 冠状病毒传播者，人类感染 SARS 的元凶。在生命与美味的面前，人们选择了生命。

人类在大自然面前很渺小，面对病毒的侵袭，人类束手无策，毫无办法，只能利用大自然赋予人类的最基本的防御能力——自身免疫力。自然界是人类知识的宝库，人类对自然的认识很少，在自然面前人类永远是小学生。我们必须尊重大自然，本着科学、严谨、审慎的态度去探索、去认识；不能靠味觉、感觉来认识大自然。人类对自然的感性认识毕竟是表面的、肤浅的，还需进一步经过反复的实践检验才能逐步上升到理性认知，理性认知再应用到实践中反复检验，最后才能越来越接近客观事实真相。纵观人类历史，知识的积累过程就是如此。

四、埃博拉病毒

埃博拉（Ebola virus）又称伊波拉病毒，它是 1976 年在苏丹南部和刚果（金）的埃博拉河地区发现的一种十分罕见的病毒，“埃博拉”由此而得名。埃博拉病毒是一种能引起人类和其他灵长类动物产生埃博拉出血热的烈性传染病病毒，埃博拉出血热（EBHF）是当今世界上最致命的病毒性出血热，感染者症状主要是：恶心、呕吐、腹泻、肤色改变、全身酸痛、体内出血、体外出血、发烧等；致死原因主要表现为低血容量休克或多发性器官衰竭；死亡率在 50%～90%不等。生物安全等级为 4 级（艾滋病为 3 级，SARS 为 3 级，级数越大防护越严格）。病毒潜伏期 2～21 天，通常感染 5～10 天后就发病。埃博拉病毒的出现引起医学界的高度关注和重视。

埃博拉是人畜共患病毒，尽管全世界科学家做了大量的研究，但埃博拉病毒的真实“身份”，至今仍无法破解。科学家们没有找到埃博拉病毒在每次大暴发后潜伏在哪里；也没找到每一次埃博拉疫情大规模暴发时，第一个受害者感染的病毒从哪里来。埃博拉病毒是人类迄今为止所知道的最可怕的病毒之一，病人一旦感染，就好像会“融化”一样消失。唯一的阻止病毒蔓延的方法就是把已经感染的病人完全隔离起来。唯一值得庆幸的是，至少目前还没有发现埃博拉病毒会通过空气传播。

据英国《镜报》报道，美国医学研究机构日前警告称，截至2015年，持续蔓延的埃博拉疫情导致全球多达9万人死亡。致死率极高的埃博拉病毒，被美国疾病控制与预防中心归类为最高等级的生物恐怖袭击武器，被认为是最可怕的威胁公共安全和公共健康的潜在生物武器。中国疾病预防控制中心研究员李德新介绍，目前全球还没有治疗埃博拉的特效药物。病毒是人类天敌，已得到全人类的共识。面对埃博拉，未雨绸缪是人类目前能做的最好的防御手段。值得庆幸的是，2016年12月23日，世界卫生组织宣布，由加拿大公共卫生局研发的疫苗可实现高效防护埃博拉病毒。

在大自然的面前，人类是如此的弱小。地球上的所有生物都有它自己的智慧，虽然它们不言不语，但是它们深谙“自然之道”，对于违反“自然之道”的人类，它们会毫不留情地予以反击，在这些反击面前人类有时没有丝毫抵抗能力。事实告诫我们，即使是地球上最高等的动物——人类，也轻易不要触碰大自然的“禁地”。

五、新型冠状病毒肺炎

新型冠状病毒肺炎（COVID-19），简称“新冠肺炎”，是指因感染2019新型冠状病毒而导致的肺炎。2019年12月以来，湖北省武汉市陆续发现了多例不明原因肺炎病例，研究人员发现从患者下呼吸道分离出的冠状病毒为一种新型冠状病毒，2020年1月12日，世界卫生组织把这种新型冠状病毒命名为“2019冠状病毒”（2019-nCoV）。目前已知的6种冠状病毒与新型冠状病毒（2019-nCoV）基因组序列极为相似，基因序列同源性分析表明，新型冠状病毒与SARS-CoV有79.5%的相似性，新型冠状病毒目前可以归到β属冠状病毒。2020年2月11日，世界卫生组织总干事谭德塞在瑞士日内瓦宣布，将新型冠状病毒感染的肺炎命名为：2019冠状病毒病，英文缩写COVID-19（corona virus disease 2019）（新华网，2020）。

新型冠状病毒的主要传播途径为直接传播、气溶胶传播和接触（间接）传播。直接传播是指患者喷嚏、咳嗽、飞沫、呼出的气体近距离被正常人直接吸入导致的感染；气溶胶传播是指飞沫混合在空气中，形成气溶胶，正常人吸入后导致感染；接触（间接）传播是指飞沫沉积在物体表面，正常人手部接触污染物后，再接触口腔、鼻腔、眼睛等黏膜而导致感染。

人类感染了新型冠状病毒的主要症状有呼吸道症状、发热、咳嗽、气促和呼吸困难；严重病例出现肺炎、严重急性呼吸综合征、肾衰竭，甚至死亡。目前对于新型冠状病毒所致疾病没有特异治疗方法，主要还是利用自身免疫力来抵抗新冠病毒。因此，医疗介入的主要目的仍然如何尽快提高或维持人体免疫能力。

据世界卫生组织 2021 年 9 月 24 日公布的数据显示，截至欧洲中部时间 21 日 18 时 35 分（北京时间 25 日 0 时 21 分），全球确诊病例达到 230418451 例；死亡病例达到 4724876 例（腾讯网，2021）。

新冠肺炎疫情已经成为世界各国的共同大考，一场传染病全球大流行正威胁着人类。没有人能预测这场疫情会持续多久、也不知道会有多少人因此而丧生、无法预估疫情会给全球经济造成多少损失。但是，纵观历史，危机与人类进步往往相伴而生。尽管疫情可能会加深民族主义、单边主义和孤立主义，并放缓经济全球化的步伐，但也可能因为共同抗疫而加深理解、加深认识，掀起新一轮的国际合作浪潮。传染病流行的预防和控制是一项全球公共卫生事业，需要各国共同协作。目前，世界各国正在为控制新冠疫情扩散、减少新冠病毒带来的损失做不懈努力和斗争，在此过程中，它将鼓励人们努力创造一个更好的全新的全球化合作模式。

和大自然一样，人类社会的发展，既有阳光灿烂的日子，也有风雨交加的时刻。每隔几年，人类就要面对全球性的新发传染病。21 世纪仅仅过了五分之一，就出现了 SARS、H1N1 流感、埃博拉、中东呼吸综合征（MERS）、寨卡病毒，以及目前的新型冠状病毒。“乔木亭亭倚盖苍，栉风沐雨自担当。”几千年来，人类经历了数不胜数的自然灾害，治理了无数条桀骜不驯的大江大河，人类社会也充满了各种可以预见和难以预见的风险挑战。但总有不惧风雨的勇气、不畏艰险的力量，汇聚成推动人类不断发展壮大的历史潮流。

战胜疫情离不开科学，既要加强科研攻关，也需要我们在防控中坚持科学态度、树立科学精神。提升公众科学素养，让科普更接地气，让大众有更多的机会了解科学、认识科学和掌握科学，在与自然灾害的斗争中让更多的大众能有效地利用科学这个最有效的“武器”，将损失降到最低。

近些年来，随着科学技术的高速发展，新技术、新概念层出不穷。知识的

“保质期”越来越短，“折旧率”越来越高，但越是如此，我们就越需要对新事物、新概念秉持一份冷静甄别的理性意识，涵养一份“透过现象看清本质”的科学精神。当科学素养的“免疫力”不断增强，伪科学的“病毒”自然式微。长此以往，更多人便能涵养起科学理性的思维定力，大众的科学素养会得到不断的提高，人类抵御各种自然灾害风险的能力也会加强。

参考文献

董川．科技人文学——自然科学的人文启示[M]．北京：科学出版社，2013.

冯江，李振新，张喜臣．我国蝙蝠保护研究现状及对策[J]．东北师大学报（自然科学版），2001(02)：70-75.

金福．蚂蚁[M]．1 版．海口：南方出版社，1999.

何强，井文涌，王翊亭．环境学导论[M]．2 版．北京：清华大学出版社，2000.

胡文耕．生物学哲学[M]．北京：中国社会科学出版社，2002.

李文东．蝙蝠携带病毒的研究进展[J]．中国病毒学，2004，19(4)：418-425.

马姆津 AC．论生命概念的定义[C]．列宁格勒．现代生物学哲学问题．1966：117.

马逸清，等．黑龙江省兽类志[M]．哈尔滨：黑龙江科学技术出版社，1986.

潘瑞炽．植物生理学[M]．7 版．北京：高等教育出版社，2012.

任晓明．生命本质辨析[J]．南开学报（哲学社会科学版），2003(2)：91-96.

日丹诺夫 BM．论生命的定义[J]．苏联医学科学通报，1964 (1):33.

石琼，范明君，张勇.中国经济鱼类志[M]．武汉：华中科技大学出版社，2015.

田友清，丁平，张云庆．烟草药用研究概述[J].中国药业，2015(9)：126-128.

王林瑶，等．药用昆虫养殖[M]．北京：金盾出版社，1995.

肖光明．乌鳢高效生态养殖新技术[M]．北京：海洋出版社，2012.

周文化，刘绍．食品营养与卫生学[M]．长沙：中南大学出版社，2013.

赵正阶．中国鸟类志 下卷（雀形目）[M]．长春：吉林科学技术出版社，2001.

中共中央马克思恩格斯著作编译局.马克思恩格斯选集[M]．北京：人民出版社，1972.

Vogt K A, Vogt D I, Palmiotto P A, et al. Review of root dynamics in forest ecosystems grouped by climate, climatic forest type and species[J]. Plant and Soil, 1996, 187：159-219.

腾讯网. [EB/OL] https://new.qq.com/omn/20210925/20210925A00OMR00.html.

新华网. [EB/OL] http://www.xinhuanet.com/2020-02/11/c_1125561343.htm.

新浪网. [EB/OL] https://news.sina.com.cn/c/2020-01-15/doc-iihnzahk4330630.shtml.

中国新闻网.[EB/OL] https://www.chinanews.com/gj/2021/02-21/9415753.shtml.